高等教育“十三五”规划教材·无人机应用技术

无人机电机与电调技术

主　编　谢志明
副主编　刘肩山　郭晓科

西北工業大學出版社
西　安

【内容简介】 本书内容分为7章，依次为无人机电机与电调基础、无人机动力电机工作原理、无人机控制电机与控制技术、无人机电调硬件电路分析、无人机电调软件分析、无人机电机和电调的安装与测试以及无人机电机与电调的维护与维修。在内容选择上注重无刷直流电机、无刷电调、螺旋桨和电池等动力系统部分基础知识与实验环节的结合，以无刷直流电机的结构原理和维护维修、电调硬件的基本原理和维护维修、电调软件部分的基本结构为重点。

本书可作为高等职业技术学院、中等职业技术学校等无人机应用技术专业的相关课程教材，也可供从事无人机相关领域的科研和工程技术人员参考。

图书在版编目(CIP)数据

无人机电机与电调技术/谢志明主编．—西安：西北工业大学出版社，2020.1(2023.12重印)

ISBN 978-7-5612-7012-7

Ⅰ.①无… Ⅱ.①谢… Ⅲ.①无人驾驶飞机-电机 ②无人驾驶飞机-调速器 Ⅳ.①V279

中国版本图书馆CIP数据核字(2020)第010447号

WURENJI DIANJI YU DIANTIAO JISHU

无人机电机与电调技术

责任编辑： 朱辰浩　　**策划编辑：** 杨　军

责任校对： 卢颖慧　　**装帧设计：** 李　飞

出版发行： 西北工业大学出版社

通信地址： 西安市友谊西路127号　　邮编：710072

电　　话： (029)88491757，88493844

网　　址： www.nwpup.com

印 刷 者： 西安浩轩印务有限公司

开　　本： 787 mm×1 092 mm　　1/16

印　　张： 10.5

字　　数： 262千字

版　　次： 2020年1月第1版　　2023年12月第3次印刷

定　　价： 39.80元

如有印装问题请与出版社联系调换

前言

近年来，随着无人机技术的快速发展，从无人机航拍、植保、物流、测绘、警用、航测等基础应用，到现在兴起的各种无人机飞行、组装调试和行业应用大赛等，无人机在各个领域的应用也越来越广阔。无人机的种类也越来越多，固定翼、多旋翼、单旋翼、垂直起降固定翼和飞艇等都在一定领域发挥着重要的作用。无人机的蓬勃发展离不开无人机动力技术的发展。当前，无人机动力系统技术越来越成熟，电动、油动和油电混合等技术发展较快，中小型无人机以电动为主，大型无人机以油动为主。正是由于民用无人机市场的迅速发展，国内各高职院校纷纷开始设立无人机专业并开设相关专业课程。无人机动力系统是无人机专业必修的一门专业课，其中无刷直流电机、无刷电调、螺旋桨和电池是电动动力系统的主要组成部分。通过学习无人机电机与电调技术，可以培养学生成为既会飞，又会组装、维修、调试的综合型人才，可以为学生的实践技能的培养打下坚实的基础。

本书根据高职院校开设的无人机应用技术专业需求，突出职业特色，结合现阶段无人机人才需求实际，参考民航无人机驾驶执照考试标准的要求，重点围绕无人机电动动力系统部分的无刷直流电机、无刷电调、螺旋桨和电池等部件进行较为详细的讲解。根据无人机作业时需要用到的专业知识和基本技能，编写了本书，其内容涵盖了无人机电动动力系统的各方面，以期使读者在精读本书后，能达到下述目的：掌握无人机电动动力系统的结构与组成；理解无人机无刷直流电机、无刷电调、螺旋桨和电池的相关参数的重要意义；能够对电动动力系统进行维护与保养；能够对无人机电动动力系统进行检查、测试与简单维修。

本书由长沙航空职业技术学院谢志明、刘肩山和郭晓科合作编写。具体分工如下：谢志明编写第2,3,4和7章，刘肩山编写第1,6章，郭晓科编写第5章。全书由于坤林老师主审。

编写本书曾参阅了相关文献资料，在此，谨向其作者深表谢忱。

由于笔者水平有限，书中难免存在不足和欠妥之处，恳请同行和广大读者指正。

编　者

2019年10月

目　录

第1章　无人机电机与电调基础

内容提示

无人机电动动力系统由无刷直流电机、无刷电调、螺旋桨和电池等几部分组成。无刷直流电机的主要参数有电机T数、KV值、型号、输出轴径、最大电流和最大功率、槽极结构等;无刷电调的主要参数有电流、电调内阻、刷新频率、可编程特性等;螺旋桨的主要参数有桨径、桨距、正/反桨、桨的材质、转动惯量、安全转速和桨叶数量等;锂聚合物电池的主要参数有电池容量、电量、电池电压、放电倍率、充电倍率、放电终止电压、放电温度和内阻等。锂聚合物电池为保证每片电芯都充满,需要采用专门的平衡充设备。在设计无人机动力系统部分中,需要考虑电机、电调和螺旋桨的匹配关系,保证动力系统正常工作。

教学要求

(1) 掌握无人机动力系统的组成与作用。

(2) 理解无刷直流电机、无刷电调和螺旋桨的参数。

(3) 掌握锂聚合物电池的充放电方法。

(4) 掌握锂聚合物电池的使用注意事项。

(5) 了解如何选择搭配电机、电调与螺旋桨。

内容框架

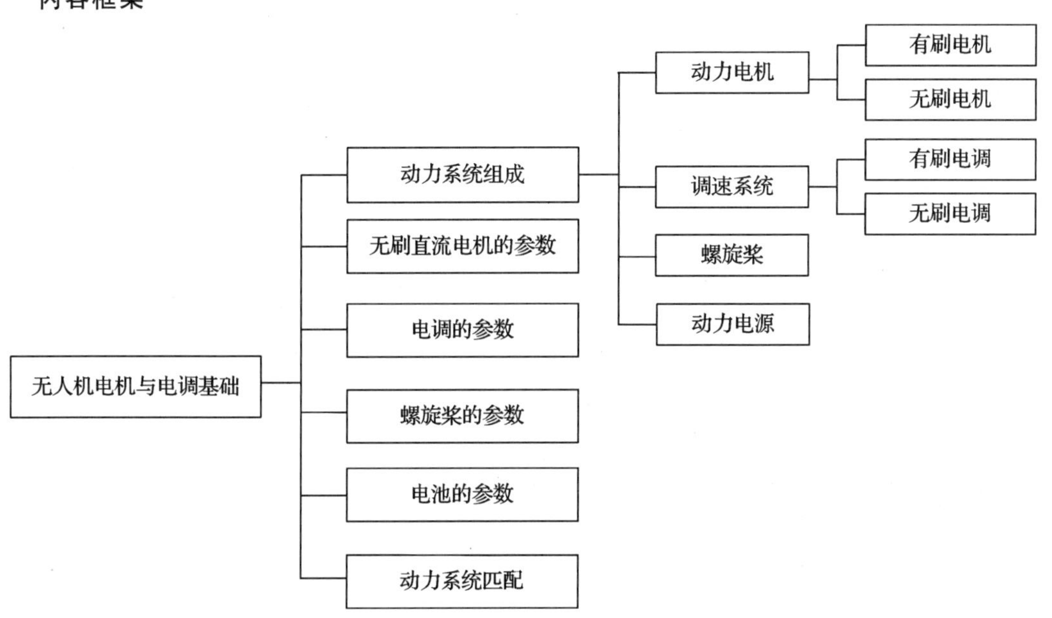

1.1 无人机动力系统的组成及作用

无人机动力系统主要由动力电机、调速系统、螺旋桨和动力电源等部分组成。它们的连接方式如图 1-1 所示。

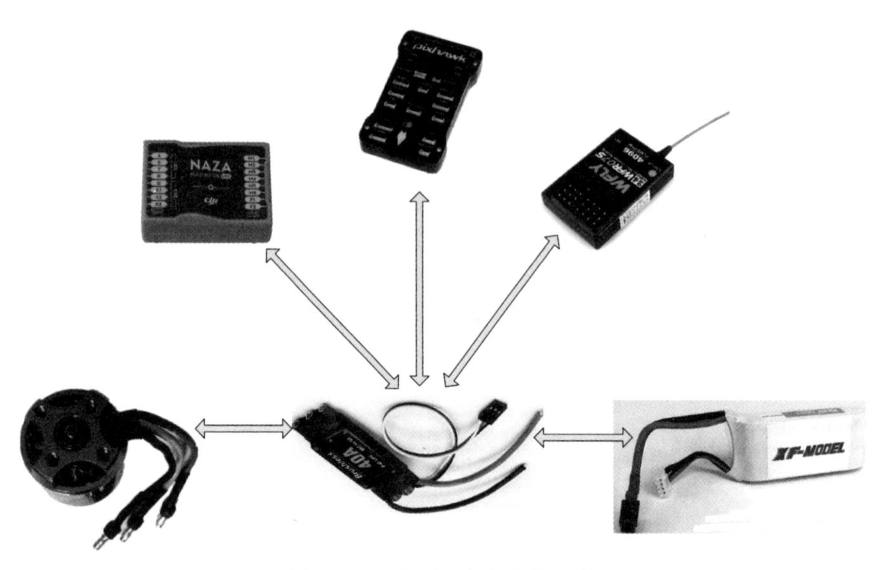

图 1-1 无人机动力系统组成

1.1.1 动力电机

无人机使用的动力电机分为有刷电机和无刷电机。其中有刷电机由于效率较低、可靠性不高，在无人机领域已逐渐不再使用。

无人机使用的主流电机是外转子三相交流无刷同步电机。多旋翼无人机使用外转子电机，外壳与轴一起旋转，电机短粗、转速低、扭矩大，适合带动低速大桨。内转子电机外壳不转、轴转，电机细长、扭矩小、转速高，适合带动高速小桨，电动涵道航模基本都是内转子电机。

无刷电机去掉了电刷，最直接的变化是没有有刷电机运转时产生的电火花，极大地减少了电火花对无线电设备的干扰。没有电刷，运转时摩擦力大大减小，运行顺畅，噪声低，内阻也小很多。现代无刷电机普遍使用钕铁硼磁钢代替铁氧体磁铁，磁力要强很多，所以无刷电机的效率高达 80%～90%，而有刷电机的效率不超过 40%。

1.1.2 调速系统

动力电机的调速系统统称为电调，全称为电子调速器(Electronic Speed Controller, ESC)，分为有刷电调和无刷电调两种。其作用是根据飞控的控制信号，将电池的直流输入转变为一定频率的交流输出，用于控制电机转速。

电机工作时电流很大，通常每个小尺寸、多旋翼无人机电机正常工作时平均有 3～5 A 的电流，如果没有电调的存在，飞控系统无法承受这样大的电流，并且飞控系统也没有驱动无刷电机的功能。

现有无人机主要使用航模电调，分为两大类：一种是带BEC的电调，另一种是不带BEC功能的电调。带BEC功能的电调可以将电池电压变为5 V给飞控系统供电；若电调不带BEC功能，则需要有一个PMU电源模块单独给飞控系统供电。

1.1.3　螺旋桨

螺旋桨是安装在电机上，为无人机提供升力的装置。电机仅仅是将电能转换成机械能，而螺旋桨才是真正产生升力的部件。螺旋桨是一个旋转的翼面，适用于任何翼面的诱导阻力，失速和其他空气动力学原理也对螺旋桨适用。螺旋桨产生升力的方式非常类似于机翼产生升力的方式。所产生升力的大小依赖于桨叶的平面形状、螺旋桨叶迎角和电机的转速。螺旋桨叶本身是负扭转的，因此桨叶角从毂轴到叶尖是变化的。最大迎角在毂轴处，而最小迎角在叶尖处，如图1-2所示。

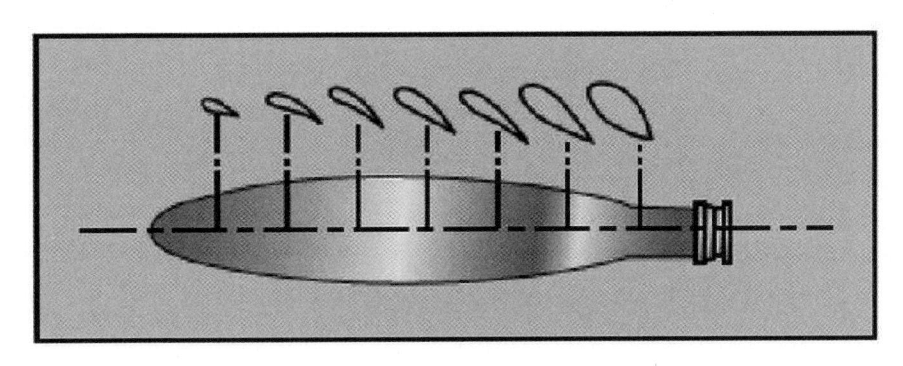

图1-2　螺旋桨

扭转的原因是为了从毂轴到叶尖产生一致的升力。当桨叶旋转时，桨叶的不同部分有不同的实际速度。叶尖部位的线速度比靠近毂轴部位的线速度更快，因为相同时间内叶尖旋转的距离比毂轴附近旋转的距离更长。从毂轴到叶尖迎角的变化能够在桨叶长度上产生一致的升力。如果螺旋桨叶设计成在整个长度上迎角相同，那么螺旋桨的效率会非常低。

一般在多旋翼飞行器上安装的都是定距桨，定距桨不能改变桨距，只有在一定的桨距和转速组合下才能获得最高的效率。

1.1.4　动力电源

当前，无人机主要动力电源都采用锂聚合物电池。锂聚合物电池使用固态电解质，能量密度大，平均输出电压高，自放电小，每月在2%以下(可恢复)；无记忆效应；工作温度范围宽为-20～60℃；循环性能优越，可快速充放电，充电效率高达100%；输出功率大，使用寿命长，不含有毒有害物质。

1.2　无人机电机和电调的分类及结构特点

无人机动力部件按大类来分，可分为直流电机和电调。直流电机直接带动螺旋桨旋转产生动力；电机驱动控制部分也叫作电子调速器。电调用于控制电机的旋转方向和旋转速度。

直流电机分为有刷直流电机和无刷直流电机，电调也分为有刷电调和无刷电调。有刷电调搭配有刷电机，无刷电调搭配无刷电机。

1.2.1 有刷直流电机与电调的结构特点

1.有刷直流电机的结构特点

有刷直流电机是早期的电机，将磁铁固定在电机外壳或者底座，成为定子，然后将线圈绕组，成为转子。模型车用有刷直流电机常见的都是 3 组绕线，图 1-3 所示为典型的有刷直流电机构造。

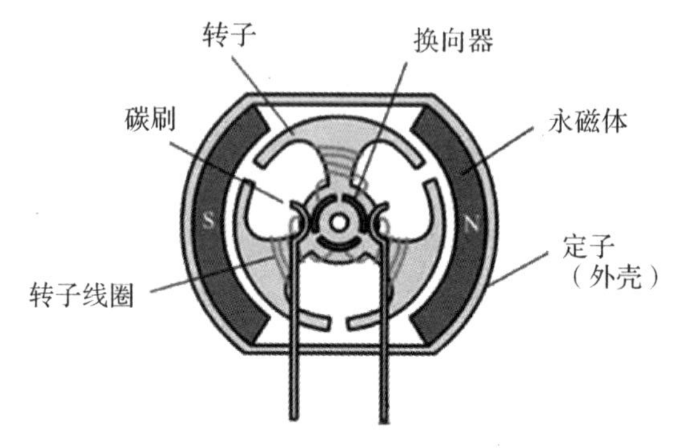

图 1-3 典型有刷直流电机构造图

由图 1-3 可知，有刷直流电机最基本的组成部分除了定子、转子，还有碳刷。因此有刷直流电机也叫碳刷电机，或者有碳刷电机。碳刷通过与绕组上的铜头接触，让电机得以转动。但是由于高速转动时，会带来碳刷的磨损，因此有刷直流电机需要在碳刷用完之后更换碳刷。而铜头也会磨损，因此在有碳刷时代的有刷直流电机，除了更换碳刷，还需要打磨铜头，让铜头保持光滑。更换碳刷后还需要磨合，让碳刷与铜头的接触面积最大化，以实现最大电流来提高电机的转速/扭矩。

2.有刷电调的结构特点

与有刷直流电机配套为无人机提供动力的是有刷电调，有刷电调就是用来控制有刷直流电机转速的设备。有刷电调一般只有 4 根线：2 根是输入电源端，接到正负极；另外 2 根则是控制电机转速的输出端，接到电机的 2 个电极上。通过改变电流/电压以及传导方向就可以实现对有刷直流电机转速以及正反转的控制。图 1-4 所示为好盈酷跑 60A 防水型有刷电调。

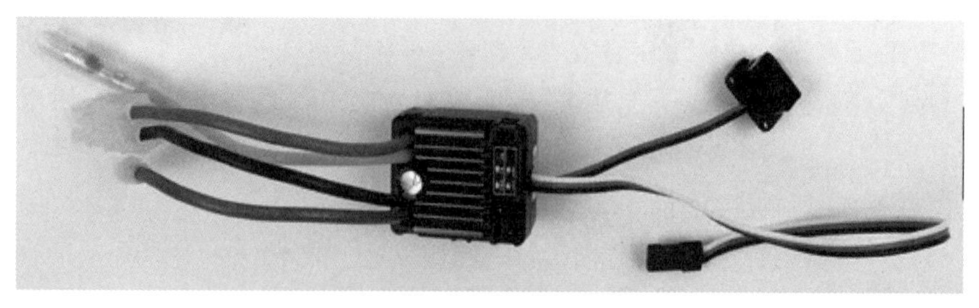

图 1-4 有刷电调

1.2.2　无刷直流电机与电调的结构特点

1.无刷直流电机的结构特点

既然有刷直流电机有以上的弊端，于是无刷直流电机(见图1-5)便应运而生。无刷直流电机和一般的永磁有刷直流电机相比，在结构上有很多相近或相似之处。在永磁有刷直流电机的基础上，采用装有永磁体的转子取代有刷直流电机的定子磁极，用具有三相绕组的定子取代电枢，用技术先进的逆变器和转子位置检测器组成的电子换相器取代有刷直流电机的机械换相器和电刷，就得到了三相永磁无刷直流电机。线圈固定后，可以通过引出的3根线让线圈产生变化的磁场(见图1-6)。利用无刷电调，给线圈组对应地供电以产生相应的磁场，就可以实现不停地驱动磁铁转子以保持转动。

图1-5　无刷直流电机

图1-6　无刷直流电机拆解图

安装在无刷直流电机转子上的永久磁铁的性能，在很大程度上决定了电机的特性。目前采用的永磁材料主要有铝镍钴、钕铁硼等，根据磁感应强度和磁场强度成线性关系这一特点，应用最为广泛的就是钕铁硼。它的线性关系范围最大，被称为第三代稀土永磁合金。

2.无刷直流电机的分类

按照无刷直流电机结构的不同情况可以有以下几种分类方法。

(1)按照在转子上安装永磁体的方式分类。

1)外装式。外装式是将成形的永久磁铁装在转子表面。

2)内装式。内装式是将成形的永久磁铁埋入转子里面。

(2)按照永久磁铁的形状分类。

1)扇形磁铁。永久磁铁的形状为扇形。扇形磁铁构造的转子具有电枢电感小、齿槽效应转矩小的优点,但易受电枢反应的影响。且由于磁通不可能集中、气隙磁密度低,电机呈现凹极特性。

2)矩形磁铁。永久磁铁的形状为矩形。矩形磁铁构造的转子呈现凸极特性,电枢电感大、齿槽效应转矩大,但磁通可集中,有利于形成高磁通密度,故适用于大容量电机。由于电机呈现凸极特性,故可以利用磁阻转矩。此外,这种转子结构的永久磁铁不易飞出,故可作高速电机使用。

(3)根据每相励磁磁通势分布不同分类。

1)正弦波形。永磁同步电机每相励磁磁通势分布是正弦波形。稀土永磁正弦波形电机一般作为三相交流永磁同步伺服电机使用。

2)方波形。永磁同步电机每相励磁磁通势分布是方波形。通常稀土永磁方波形电机属于永磁无刷直流电机的范畴,但是这不是绝对的,究竟是三相永磁无刷直流电机还是三相永磁交流同步电机,主要取决于电机的控制系统的方式及电机的转子位置传感器的类型。

3.无刷电调的结构特点

无刷电机需要工作,就必然需要一个无刷电调,它能将直流电转化为三相交流电输给无刷电机。一般使用PWM(脉冲宽度调制)占空比来控制电机的转速。无刷电调输入端是2根线,接电源。但是无刷电调输出则需要3根线。图1-7所示为某型号的无刷电调。

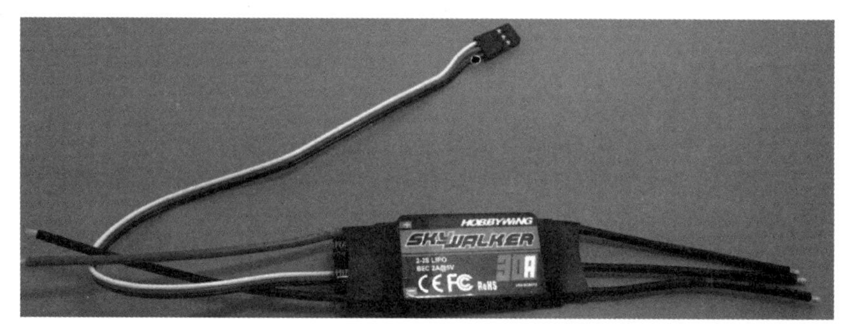

图1-7　无刷电调

总结:无论有刷电机还是无刷电机,基本原理都是通过线圈产生磁场,然后搭配永磁铁来驱动转子转动。有刷是把永磁铁做成定子,线圈做成转子;而无刷则是把线圈做成定子,永磁铁做成圆形的转子。

无刷电机必须使用无刷电调,而有刷电机则需要使用有刷电调。但是部分无刷电调可以通过改写内置程序,让输出的3根线桥搭成2根,用以驱动有刷电机。

另外,对于小型四轴无人机,由于其本身质量轻、尺寸小,一般航模用的无刷电机和有刷电机无法满足其需求,所以就需采用质量更轻、尺寸更小的空心杯电机。空心杯电机(coreless motor)属于直流、永磁、伺服微特电机。空心杯电机在结构上突破了传统电机的转子结构形式，采用的是无铁芯转子，具有十分突出的节能、控制和拖动特性。

空心杯电机分为有刷和无刷两种，有刷空心杯电机转子无铁芯，无刷空心杯电机定子无铁芯。图 1－8 所示为空心杯电机的拆解图，从中可以看到线圈中间是没有铁芯的。

图 1－8　空心杯高速电机拆解图

1.3　无刷直流电机的参数

电机常见参数包括电机 T 数、KV 值、转速、型号、输出轴径、最大电流和最大功率、槽极结构、有感和无感、外转子无刷和内转子无刷。

1.电机 T 数

T，英文全称为 Turn，意思是线圈绕了多少圈，例如线圈绕了 21 圈，则称为 21 T。某些品牌也称为 R，R 是 Round 的缩写，意思也是绕线圈数。

有刷电机的绕线都是从铜头开始，然后也在铜头处结束，因此有刷电机都是整数圈，例如 20 T、30 T 等。

无刷电机因为结构限制，常见的绕线都是从输入端开始，结束于另外一侧，因此常见的都是多半圈，于是大多数都是 4.5 T、8.5 T、21.5 T 这样的。也有一些结构比较特殊的是整数圈，例如 4 T，这种整数圈的相对较少。

不管是有刷还是无刷，同系列相同尺寸的情况下，都是线圈数越少，流过电机的电流越大，则电机的扭矩也越大，耗电与发热越高，能提供更强劲的动力输出。选择什么 T 数，则是根据需要进行搭配，还要牵涉齿轮比的搭配。

无刷电机和有刷电机之间的 T 数存在以下对应关系：往往认为用无刷电机的 T 数，乘以 2～2.5 之间的某个数得出的数值，就是这个数值 T 数的有刷电机，就与这个无刷电机 T 数的功率与扭矩比较接近。例如一个 8.5 T 的无刷电机，大约就与 17～21 T 之间的有刷电机接近；再例如一个 21.5 T 的无刷电机，跟一个 43～55 T 之间的有刷电机接近。

2.KV 值

KV 值小，适合带动慢速大桨；KV 值大，适合带动快速小桨。

3.转速

有刷电机有些会标上转速，例如 30 000 r/min@7.2 V，意思则是 7.2 V 时电机可以实现

30 000 r/min 的空载转速。

无刷电机常见的则是标上 KV 值,无刷电机的 KV 值是指电压每增加 1 V,电机的每分钟转速增加多少,例如 3 000 KV 意为每提高 1 V 的电压可以让电机转速增加 3 000 r/min,因此可以换算得到这个电机在 8.4 V 满电的锂电下,转速是 8.4×3 000=25 200 (r/min)。

无刷电机一旦做好,其 T 数和 KV 值则是固定的,例如某品牌某型号的 8.5 T 电机是 4 000 KV,10.5 T 电机是 3 300 KV。于是无刷电机在销售时有些会只标上 T 数,或者只标上 KV 值,并非所有型号都会标上 T 数和 KV 值,但是在规格参数中基本都会有这两项。

标上 T 数的,主要是 3650 的电机,而其他类型的则主要标上 KV 值,这是国际惯例。

4.型号

无刷电机常规的型号有 2212、2217、2208 等,前两个数字是指电机定子外径,后两个数字是指电机定子高度,如图 1-9 所示。

图 1-9 无刷电机的尺寸

5.输出轴径

电机要带动桨叶转动,输出动力,自然是需要靠输出的那根轴来带动桨叶转动,于是这根输出轴的尺寸就成了必须要考虑的因素。常见轴径有 2 mm、3.175 mm、5 mm、8 mm。

6.最大电流和最大功率

最大电流:电机能够承受并安全工作的最大电流。

最大功率:电机能够承受并安全工作的最大功率。

每个电机都有自己的力量上限,最大功率就是这个上限,如果工作情况超过了这个最大功率,就会导致电机高温烧毁。当然,这个最大功率也是在指定的工作电压情况下得出的,如果是在更高的工作电压下,最大功率也将提高。这是因为导体的发热与电流的二次方成正比关系。在更高的电压下,如果是同样的功率,电流将下降从而导致发热减少,使得最大功率增加。

这也解释了为什么在专业的航拍飞行器上,大量使用 22.2 V 甚至 30 V 电池来驱动多轴飞行器,高压下的无刷电机电流小、发热小,效率更高。

7.槽极结构 (N:槽数,P:极数)

模型常见的内转子无刷电机结构有 3N2P(有感电机常用)、12N4P(大部分内转子电机)。

模型常见的外转子无刷电机结构有 9N6P、9N12P、12N8P、12N10P、12N14P(见图 1-10)、18N16P、24N20P。

模型用内转子无刷电机极数不高的原因:目前内转子电机多用于减速情况下使用,所以要求的转速都比较高。电机转速=实际转速×电机极数,电子控制器支持的最高电机转速往往都是一个定数，所以如果电机极数太高的话，支持的电机实际转速就会下降，所以目前的内转子电机极数都是 4 以内。

图 1-10　无刷电机的槽极结构

关于 12N4P 内转子电机：属于整数槽电机，大量使用于模型内转子电机，电机使用单层绕组分布绕线。

模型用外转子电机都是分数槽电机，其结构特点和性能如下：

(1)N 必须是 3 的倍数，P 必须是偶数(磁钢必须是成对的，所以必须是偶数)。

(2)P 数越小，最高转速越高。例如 12N10P 的最高转速肯定高于 12N16P，反之亦然。

(3)N 比 P 大，则相对转速更高。9N6P 最高转速肯定高于 9N12P，反之亦然。

(4)同样的 N，P 越大扭力越强。12N16P 扭力>12N14P 扭力>12N10P 扭力。

(5)N 和 P 之间不能整除，比如 12N10P。

外转子槽极结构电机的应用领域如下：9N6P 减速使用于 400～500 级别的直升机模型以及小型涵道飞机；9N12P 直驱使用于小型固定翼或者其他模型；12N8P 减速使用于 500～700 直升机模型或者直驱使用于中大型涵道；12N10P 减速使用于 600～800 直升机模型；12N14P 直驱使用于大部分固定翼和船模；高于 12 槽结构的无刷电机多见于多轴飞行器。

8.有感电机与无感电机

有感电机：传统的无刷电机都安装有霍尔传感器，利用霍尔传感器检测转子位置实现转向。

无感电机：去除霍尔传感器，利用电子控制器检测电机的反电动势变化从而确定转子位置以实现转向。

有感电机的优点是运转精度高、启动平稳。

有感电机有以下缺点：

(1) 在高温、振动等条件下，由于传感器的存在使系统的可靠性降低。

(2) 传感器连接线多不便安装，易引起电磁干扰。

(3) 传感器的安装精度直接影响电机的运行性能，特别是多极电机，安装精度难以保证。

(4) 占用空间，限制电机小型化。

无感电机的优点是结构简单、成本较低、安装方便。

无感电机的缺点是转子位置检测精度降低，运转精度降低，启动不如有感电机平稳。

9.外转子无刷电机与内转子无刷电机

外转子无刷电机就是电机的转动部分设计在外侧，静态部分设计在内侧。内转子无刷电机就是电机的转动部分设计在内侧，静态部分设计在外侧。

外转子无刷电机的优点是转动惯量大、转动平稳、转矩大、磁铁好固定。

外转子无刷电机的缺点是电机外壳有散热通风口，外部杂物容易进入电机内部，影响运转。

内转子无刷电机的优点是电机内部与外部隔绝，避免外部杂物进入内部。

内转子无刷电机的缺点是扭矩不如外转子无刷电机；磁铁固定较为复杂；没有散热孔，船模用需借助水冷散热。

通常外转子无刷电机用于航模较多，内转子无刷电机用于车模与船模较多。

1.4 无人机电调的参数

无人机无刷电调的连接如下(见图 1－11)：

两根较粗的输入线与电池的正负极相连；

输出线(有刷 2 根/无刷 3 根)与电机连接；

信号线(杜邦线)与接收机或飞控连接。

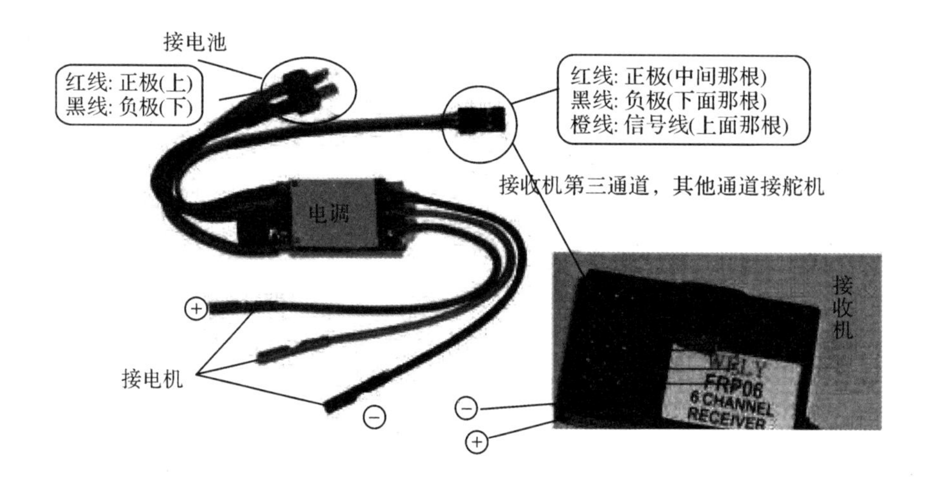

图 1－11 无刷电调的连接

电调一般有电源输出功能(BEC)，即在信号线的正负极之间有 5 V 左右的电压输出，通过信号线为接收机或飞控供电。需要特别注意的是有些飞控需要去掉 BEC 功能，比如大疆 NAZA飞控有专用的 PMU 单元为飞控供电，所以电调没有 BEC 功能。

1.最大电流

无刷电调最主要的参数是电调通过的最大电流，通常以安(A)来表示，如 20 A/40 A/60 A/80 A 等。不同电机需要配备不同最大电流的电调，一般电调的最大电流要大于电机的最大电流，最大电流过小会导致电调甚至电机烧毁。

选择电调型号的时候一定要注意电调最大电流的大小是否满足要求，是否留有足够的安全裕度容量，以避免电调内部的功率管烧坏。

2.电调内阻

电调内部电路(见图 1-12)具有相应的内阻，其发热功率需要引起注意。有些电调的电流可以达到几十安，发热功率是电流二次方的函数，所以电调的散热性能十分重要，因此大规格电调内阻一般都比较小。

图 1-12　电调的内部电路

3.刷新频率

电机的响应速度与电调的刷新频率有很大的关系。在多旋翼开始发展之前，电调多为航模飞机而设计，航模飞机上的舵机由于结构复杂，工作频率最大为 50 Hz。相应地，电调的刷新频率也都为 50 Hz。而多旋翼与其他类型飞机不同，不使用舵机，而由电调直接驱动，其响应速度远超舵机。目前，具备 UItra PWM 功能的电调可支持高达 500 Hz 的刷新频率。

4.可编程特性

通过内部参数设置，可以达到最佳的电调性能。通常有以下三种方式对电调参数进行设置。

(1)通过编程卡直接设置电调参数。

(2)通过 USB 连接，用电脑软件设置电调参数。

(3)通过接收器，用遥控器摇杆设置电调参数。

设置的参数包括如下。

(1)安全上电功能：接通电源时，无论油门摇杆处于任何位置均不会立即启动电机，避免造成人身伤害。

(2)油门行程校调功能：适应不同遥控器油门行程的差别，提高油门响应的线性度。

(3) 程序设定项目(可用遥控器油门摇杆或者 LED 参数设定卡设置)。

1)刹车设定：无刹车/有刹车；

2)电池类型：锂电池/ 镍氢电池；

3) 低压保护模式：软关断/硬关断；

4)低压保护阈值：低/中/高；

5)启动模式:普通/柔和/超柔和;

6)进角:低/中/高;

7)恢复出厂默认值。

(4) 全面的保护功能。

1)欠压保护:由用户通过程序设定,当电池电压低于保护阈值时,电调自动降低输出功率;

2)过压保护:输入电压超过输入允许范围不予启动,自动保护,同时发出急促的“哔哔”告警音;

3)过热保护:内置温度检测电路,MOS 管温度过高时电调自动关断;

4)遥控信号丢失保护:遥控信号丢失 1 s 后降低功率,再有 2 s 无遥控信号则关闭输出。

1.5 无人机电调参数设置

本节以好盈无刷电调为例,说明电调参数的设置方法。

1.正常使用开机过程说明(见图 1－13)

对于支持 6 节锂电的电调,在 123 提示音符后将鸣报 n 声短促的“哔”音,表示电调认为电池组有 n 节锂电单体。如电调判断是 6 节锂电,将发出 6 声“哔”音。

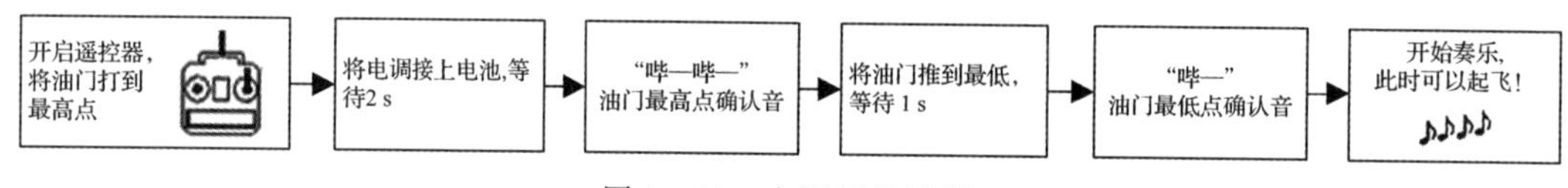

图 1－13　电调开机过程

2.油门行程设定说明(见图 1－14)

当第一次使用或电调搭配其他遥控器使用时,均应重新设定油门行程,其他时候则不用。

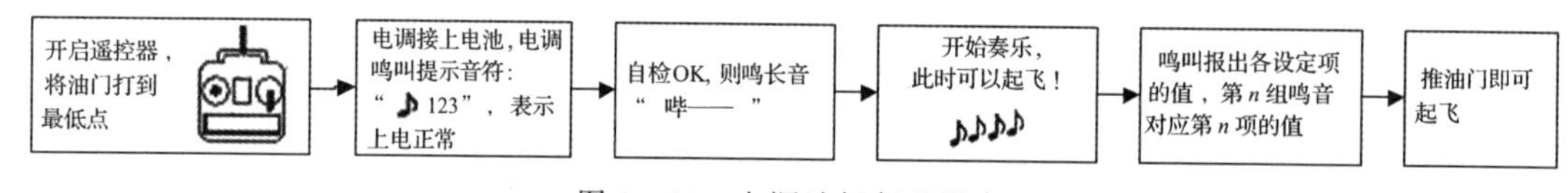

图 1－14　电调油门行程设定

3.使用遥控器编程设定说明

使用遥控器油门摇杆设定参数分为以下四个步骤。

(1)进入编程模式(类似使用电脑时打开程序的操作)。

1) 开启遥控器,将油门打到最高,电调接上电池;

2) 等待 2 s,鸣叫“哔—哔—”提示音;

3) 再等待 5 s,会鸣叫“567$\dot{1}\dot{2}$”特殊提示音,表示已经进入编程模式。

(2) 选择设定项(类似使用电脑时选择菜单的操作)。

进入编程设定后,会听到 8 种鸣叫音,按如下顺序循环鸣叫,在鸣叫某个提示音后,3 s 内将油门打到最低,则进入该设定项。

1)“哔”:刹车(1 短音);

2)“哔—哔—”:电池类型(2 短音);

3)“哔—哔—哔—”：低压保护方式(3 短音)；

4)“哔—哔—哔—哔—”:低压保护阈值(4 短音)；

5)“哔——”:启动模式(1 长音)；

6)“哔——哔—”：进角(1 长音 1 短音)；

7)“哔——哔—哔—”:恢复出厂默认值 (1 长音 2 短音)；

8)“哔——哔——”:退出(2 长音)。

注:1 长音“哔——”相当于 5 声短音“哔－”,所以在(2)选择设定项中,1 长音 1 短音“哔——哔—”表示 6)设定项。

(3)设定参数值(见表 1－1)(类似使用电脑时在菜单下选择具体功能的操作)。

电机会循环鸣叫,在鸣叫某个提示音后将遥控器打到最高,则设定该提示音所对应的参数值,接着鸣叫特殊提示音“1̇51̇5”,表示已设定了该参数值,且已保存(此时如果不想再设定其他设定项,则在 2 s 内将油门打到最低,即可快速退出编程设定;如果还要设定其他选项,则继续等待,退回(2)选择设定项,选择其他设定项)。

表 1－1　电调设定参数表

设定项＼提示音	“哔—” 1 声	“哔—哔—” 2 声	“哔—哔—哔—” 3 声
刹车	无刹车	有刹车	—
电池类型	锂电池	镍镉/镍氢电池	—
低压保护方式	降低功率	关闭动力	—
低压保护阈值	低	中	高
启动模式	普通启动	柔和启动	超柔和启动
进角	低	中	高

(4)退出设定。有以下两种方式退出设定。

1)在(3)设定参数值时,鸣叫特殊提示音“1̇51̇5”后,2 s 内将油门打到最低,则退出设定。

2)在(2)选择设定项时,当电机鸣叫出“哔——哔——”〔即 8)设定项〕两长音后,3 s 内将油门打到最低,则退出设定。

1.6　螺旋桨的参数

螺旋桨是一个旋转的翼面,用来提供必要的拉力或推力使飞机在空气中移动。产生升力的大小依赖于桨叶的形态、螺旋桨叶迎角和发动机的转速。螺旋桨叶本身是扭转的,因此桨叶角从毂轴到叶尖是变化的。最大安装角在毂轴处,而最小安装角在叶尖。

螺旋桨叶扭转的原因是为了从毂轴到叶尖产生一致的升力。当桨叶旋转时桨叶的不同部位有不同的线速度,叶尖比毂轴要快,因此毂轴到叶尖安装角的变化和线速度的相应变化就能够在桨叶长度上产生一致的升力。

1.桨径和桨距

定距螺旋桨主要指标有桨径和桨距(也叫螺距、总距),使用 4 位数字表示,前面 2 位代表桨径(单位:in,1 in=25.4 mm),后面2位代表桨距。桨径是指桨转动所形成的圆的直径,对于双叶桨(两片桨叶,是最常用的桨)恰好是两片桨叶长度之和。桨距则是桨旋转一周前进的距离。写法可写成11×4,或者1104。总之1204桨比1104桨看起来要大,1105桨比1104桨看起来要陡。

例如1045桨,桨径10 in,约为25.4 cm,桨距4.5 in,约为11.43 cm。

桨距分为理论桨距和实际桨距,理论桨距是假设螺旋桨在一种不能压缩和流动的介质中旋转,每转一圈,就会向前行进一定距离,这个距离就称为理论桨距,也可以理解为桨叶旋转形成的螺旋的螺距。而实际桨距就是考虑流体的可压缩性后在实际使用时螺旋桨旋转一圈所前进的距离,实际桨距都小于理论桨距。

2.正、反桨

多旋翼为了抵消单个螺旋桨的反扭矩,各个桨的旋转方向是不一样的,所以需要正、反桨。正、反桨的气流都是向下吹。

根据无人机行业习惯,通常定义右旋前进的螺旋桨为正桨,左旋前进的螺旋桨为反桨。即顶视逆时针旋转的桨是正桨,顺时针旋转的桨是反桨。正桨英文用CCW表示,反桨英文用CW表示。正桨上表面一般直接标数据,如11×5;反桨上表面标11×5R。

3.桨的材质

桨的材质主要分为塑胶桨、木桨和碳纤维桨等。

(1)塑胶桨。小型多旋翼桨可以选择APC和DJI的塑胶桨(见图1-15),大载重的可以选择碳纤维桨,载重很大可以考虑选择木桨。

APC塑胶桨的优点是效率很高,可以理解为续航时间长。小尺寸的多旋翼APC塑胶桨使用续航时间甚至会优于木桨和碳纤维桨。缺点是桨身比较软,大载重、高速、大拉力时会轻微变形,产生颤振。

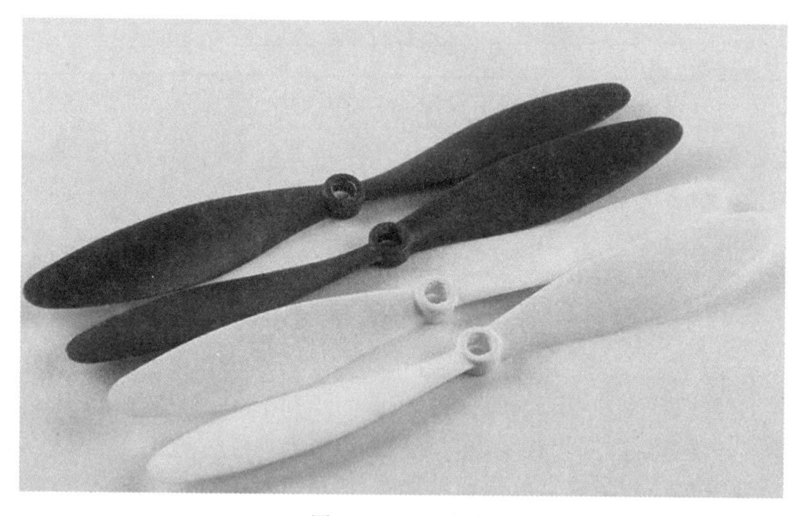

图1-15　塑胶桨

(2)木桨。木桨(见图1-16)的材料多为榉木,硬度高、质量轻,经过风干打蜡上漆后不怕受潮。多旋翼用木桨实际效率可能会低于APC塑胶桨和碳纤维桨。但其优点是震动极小、静平衡完美、无颤振、价格便宜等。缺点是效率低于原装APC塑胶桨和同尺寸优质的碳纤维桨。

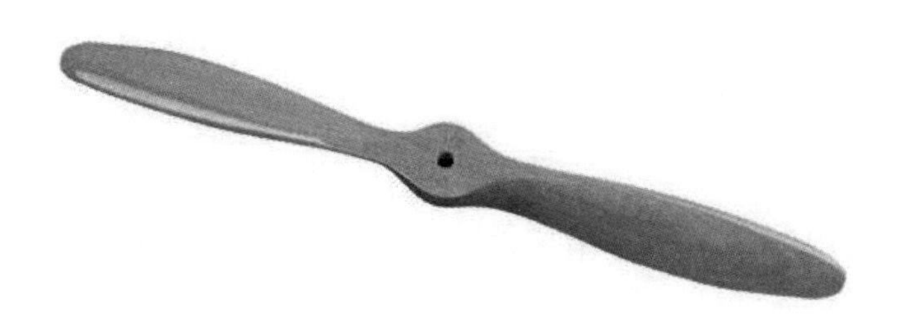

图1-16　木桨

(3)碳纤维桨。由于碳纤维的材料性能及模具加工工艺，决定了碳纤维桨(见图1-17)有优异的刚度、硬度和准确的桨形，因此优质的碳纤维桨的效率优于木桨，价格比木桨更贵，稍低于同尺寸的原装APC塑胶桨。其优点是硬度高、刚度高、不变形、效率高、颤振极小。缺点是价格高，需要手工做静平衡，上机后根据振动再调动平衡，易脆，碰到硬物容易受损。

图1-17　碳纤维桨

不同材质桨比较见表1-2。

表1-2　不同材质桨比较

材　料	效　率	价　格	是否耐用
塑胶	低效	低成本	较耐用
木质	高效	价格适中	易损
碳纤维	效率适中	高价	耐用

4.转动惯量

转动惯量越小，控制起来越灵敏。更重要的是，螺旋桨的转动惯量越小，改变转速所消耗的能量就越小，因此能提高飞行效率。为减少转动惯量，在不改变外形和强度的前提下，有些螺旋桨内部材质还会进一步设计。

5.安全转速

安全转速的计算,要保证在所有可能工况下不超过最高允许转速。以最常见的10 in桨为例,多旋翼最大桨速为105 000 r/min,慢飞桨的最大桨速只有65 000 r/min。因此,选择螺旋桨要注意使用场合。

6.桨叶数量

(1)两叶桨:操纵灵敏度弱,平稳,效率高,载重大,省电,一般用于工业无人机、大载荷飞机。

(2)三叶桨:操纵灵敏度强,速度快,机动性好,费电,一般用于航模和竞技穿越机。

1.7 电　　源

1.7.1 锂离子电池基本知识

当前世界电池工业的发展有三个特点:一是绿色环保电池发展迅猛,包括锂离子蓄电池、镍氢电池等;二是一次电池向蓄电池转化,可满足可持续发展战略;三是电池进一步向小、轻、薄的方向发展。

在商品化的可充电电池中,锂离子电池的比能量最高,特别是聚合物锂离子电池,可以实现可充电电池的薄形化。锂离子电池的体积/能量和质量/能量高,可充电,无污染,具备电池工业发展的三大特点,因此发展较快。而锂离子电池家族中的聚合物锂离子电池以其独特的安全优势,将逐步取代液体电解质锂离子电池,成为锂离子电池的主流。

锂离子电池有以下优点。

(1)电压高。单体电池的工作电压高达3.7～3.8 V(磷酸铁锂电池为3.2 V),是镍镉、镍氢电池的3倍。

(2)比能量大。能达到的实际比能量为555 W·h/kg左右,即材料能达到150 mA·h/g以上的比容量(3～4倍于镍镉电池,2～3倍于镍氢电池),已接近其理论值的88%。

(3)循环寿命长。一般均可达到500次以上,甚至1 000次以上的充放电,磷酸铁锂电池可以达到2 000次以上。对于小电流放电的电器,电池的使用期限将倍增。

(4)安全性能好。无公害,无记忆效应。锂离子电池不含镉、铅、汞等对环境有污染的元素,镍镉电池存在的一大弊病为“记忆效应”,严重束缚了电池的使用,但锂离子电池不存在这方面的问题,应用范围很广。

锂离子电池有以下特点。

锂离子电池由三部分组成:正极、负极和电解质。锂离子电池以碳素材料为负极,以含锂的化合物为正极,没有金属锂存在,只有锂离子。锂离子电池是指以锂离子嵌入化合物为正极材料电池的总称。

在充放电过程中,锂离子在正、负极之间往返嵌入/脱嵌和插入/脱插,被形象地称为“摇椅电池”。一般锂离子电池充电倍率设定在0.2～1 C之间,充电倍率越大,电流越大,充电越快,同时电池发热也越大。以过大的电流充电,反而充不满额定容量,因为电池内部的电化学反应需要时间,所以锂离子电池充电分为两个阶段:先恒流充电,到接近终止电压时改为恒压充电。

锂离子电池放电需要注意以下几点。

(1)放电电流不能过大,过大的电流会导致电池内部发热,有可能会造成永久性的损害。

(2)绝对不能过放电,锂离子电池内部存储的电能是靠电化学的一种可逆化学反应实现的,过度的放电会导致这种化学变化有不可逆的反应发生。一旦放电电压低于 2.7 V,将可能导致电池报废。

1.7.2　锂聚合物电池规格参数

1.电池容量

电池容量用 A·h 或者 mA·h 标注,表示在一定条件下(放电倍率、温度、终止电压等)电池放出的电量大小,可以理解为电池的容量,通常以 A·h 为单位。例如标称 1 000 mA·h 的电池,如果以 1 000 mA 放电,可持续放电 1 h;如果以 500 mA 放电,可以持续放电 2 h。但是因为电池放电并不均匀,实际和理论还是有些差距。

2.电量

上述电池容量的表示方法只注重了电流参数,没有考虑电压参数,电量的表示方法则将两者进行了综合,计算方式为电压×容量(A·h)=电量,单位为 W·h。

这里所说的电量的概念同生活中的“多少度电”的概念是一致的。

3.电池电压

电池电压用 V 标注,表示电池正负极之间的电压压降。目前工业生产的每一个锂聚合物电池单体电芯的额定电压都是 3.7 V,为了让电池能有更高的工作电压和电量,必须对电池单体电芯进行串联和并联构成锂聚合物电池组,电池组上面经常出现 S 和 P 的字样,S 表示串联,P 表示并联。例如“3S1P”就是 3 节电芯串联,如果是“2S2P”就是每 2 节电芯串联,然后 2 串这样的电芯组再并联成一块完整的电池,如图 1－18 所示。电芯单体 1 节标注电压为 3.7 V,充满电压为 4.2 V。

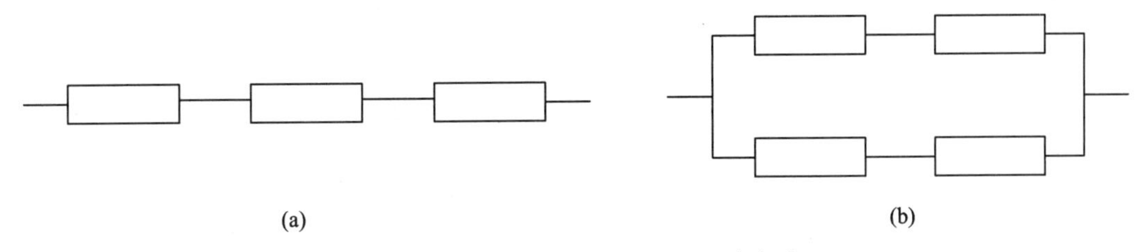

图 1－18　锂聚合物电池组电芯组合方式

(a)3S1P;(b) 2S2P

4.放电倍率

锂聚合物电池能以很大的电流放电,而普通锂离子电池不能以大电流放电,这是两者最重要的区别之一。放电倍率代表了锂聚合物电池放电电流的大小,代表电池的放电能力,这个放电能力用 C 来表示,表示电池充放电时电流大小的比率,即倍率。例如 2 200 mA·h 的电池,0.2 C 放电表示放电电流为 440 mA(2 200 mA 的 0.2 倍率),1 C 放电表示放电电流为 2 200 mA 即 2.2 A。如果用低放电倍率的电池大电流放电,电池会迅速损坏,甚至自燃。另外放电倍率越高电池越贵,同容量的 30 C 电池的价格可能是 5 C 电池的 3～4 倍。

5.充电倍率

充电倍率也是用C表示，只是将放电变成了充电，比如1 000 mA·h的电池，2 C充电，就代表可以用2 A的电流来充电。超过规定参数充电，电池很容易缩短寿命和损坏。一般锂离子电池的充电电流设定在0.2～1 C之间。

6.放电终止电压

锂离子电池的额定电压为3.6 V(锂聚合物电池的额定电压为3.7 V)，放电终止电压为2.5～2.75 V(由电池厂商给出工作电压范围或给出放电终止电压，各参数略有不同)。电池的放电终止电压不应小于2.5 V，低于放电终止电压继续放电称为过放，过放会使电池寿命缩短，严重时会导致电池失效，其中锂聚合物电池过放会"涨肚"，内部产生气体，不可复原。电池不用时，应将电池充电到3.8～3.85 V。

7.放电温度

不同温度下的放电曲线是不同的。在不同温度下，锂离子电池的放电电压及放电时间也不同，电池应在－20～＋60℃温度范围内进行放电工作。锂聚合物电池中聚合物和凝胶态电解质的离子传导率不如普通锂离子电池液态电解质的离子传导率那么高，因此在高倍率放电和低温情况下性能不佳。所以低温环境飞行时，在飞行前需要给电池做好保温。

8.内阻

电池的内阻主要由电极材料、电解液、隔膜电阻及各部分的零件的接触电阻组成，与电池的尺寸、结构、装配有关。电池的内阻很小，一般用mΩ来表示，内阻越小的电池放电能力越强，内阻越大的电池放电能力越弱。

1.7.3 18650锂离子电池

18650锂离子电池(见图1-19)是锂离子电池的鼻祖——日本SONY公司当年为了节省成本而定下的一种标准性的锂离子电池型号，其中18表示直径为18 mm，65表示长度为65 mm，0表示电池形状为圆柱形。

图1-19 18650锂离子电池

18650锂离子电池有以下优点。

(1)容量大。18650锂离子电池的容量一般为1 200～3 600 mA·h，而一般的电池容量只有 800 mA·h 左右，如果将 18650 锂离子电池组合起来成为 18650 锂离子电池组，那么这样的 18650 锂离子电池组的容量可以轻松地突破 5 000 mA·h。

(2)寿命长。18650 锂离子电池的使用寿命很长，正常使用时循环寿命可达 500 次以上，是普通电池的两倍以上。

(3)安全性能高。18650 锂离子电池的安全性能高，不爆炸，不燃烧，无毒，无污染，经过 RoHS 商标认证，循环次数大于 500 次；耐高温性能好，65℃条件下放电效率达 100%。为防止电池发生短路现象，18650 锂离子电池的正负极是分开的。所以它发生短路现象的可能性已经降到了最低。另外还可以加装保护板，避免电池过充过放，这样还能延长电池的使用寿命。

(4)电压高。18650 锂离子电池的电压一般为 3.6 V、3.8 V 或 4.2 V，远高于镍镉和镍氢电池的 1.2 V 电压。

(5)没有记忆效应。在充电前不必将剩余电量放空，使用方便。

(6)内阻小。由于阻抗会影响到电池的性能，一般而言 50 mΩ 是正常的，50～100 mΩ 能够使用，但性能开始衰减，到 100 mΩ 以上时需要并联使用，大于 200 mΩ 则基本不能使用。而目前表现比较出色的 18650 锂离子电池的内阻在 12 mΩ 左右，一般在 13～15 mΩ，极大地减少了电池的自耗电。

(7)可串联或并联组合成 18650 锂离子电池组。

(8)使用范围广。

18650 锂离子电池有以下缺点。

(1)18650 锂离子电池尺寸固定。相对其他锂聚合物电池的可定制和可变换大小来讲，这是一个缺点。

(2)18650 锂离子电池的生产均需要有保护线路，防止电池被过分充电而导致放电。锂离子电池采用的材料基本都是钴酸锂材料，而钴酸锂材料的锂离子电池不能大电流放电。

(3)18650 锂离子电池的生产条件要求高。相对于一般的电池生产，18650 锂离子电池对生产条件要求很高，这无疑增加了生产成本。

1.7.4　智能锂电池

多旋翼无人机飞行器或者航模基本使用了可充电的锂电池，这种电池的缺点就是不能过放电，一旦过放就意味着电池性能的下降，甚至报废。为了避免过放电，人们在电池组里增加了过放电保护电路，当放电电压降到预设电压值时，电池停止向外供电。然而实际的情况还要更复杂一些，比如如果因避免电池过放电而立即停止供电，那么多旋翼无人机就会从天上直接掉下来。因此，智能电池的放电截止只是电池自我保护的最后一道防线，在此之前，管理电路还是要计算出末端续航时间，来为用户提供预警，以便用户有足够的时间来采取相应的安全措施。

对于续航时间的计算，在小电流设备上处理起来要简单得多，例如笔记本电脑、手机等。但是对于像多旋翼无人机这类工作电流大、电流变化大、工况复杂的系统来说，需要动态计算续航时间，那情况就变得复杂多了。

有些厂家的电池比较高级，针对无人机这种用户专门做了以下安全优化。

(1)第一级：当检测到电量剩余 30%时，开始报警，提示用户应该注意剩余电量，提前做好返航准备。

(2)第二级:当检测到剩余电量仅够维持返航时,开始自动执行返航。而这个时间点的把握,与飞行距离、高度有关,是智能电池数据与无人机飞控数据融合后实时计算出来的。

(3)第三级:当检测到剩余电量不足以维持正常返航时(例如返航途中遇到逆风,则有可能超出预估的返航时间),则执行原地降落,最大限度地避免无人机因缺电导致坠毁。

续航时间的计算结果与飞行距离、飞行高度以及当前电机的输出功率等因素有关。这些因素是动态变化的,而且变化幅度有可能很大,所以需要实时计算,这对智能锂电池的管理芯片、算法设计都提出了极高的要求。

现在以多旋翼植保无人机上用的 B12710 智能电池(见图 1-20)为例,介绍使用智能电池的有关知识。

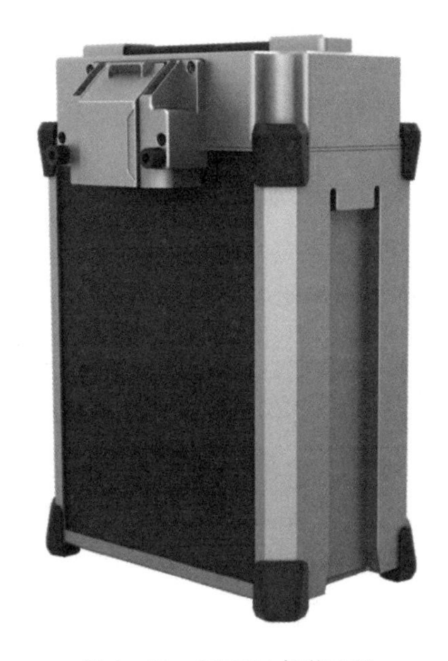

图 1-20 B12710 智能电池

1.B12710 智能电池特性

(1)智能电池是将普通电池繁杂的使用与管理工作交给电池内部的电脑(BMS)自动来完成,使电池的使用与管理实现了智能化、自动化。

(2)通过数据交互实时地以可视化方式显示出来,使用户能实时了解电池的工作状态,同时具备日志记录功能。

(3)智能电池唯一需要的操作就是开机和关机。

2.B12710 智能电池参数

(1)规格:183 mm×146 mm×280 mm;

(2)质量:5 kg;

(3)充电时间:约 40 min;

(4)标称容量:16 000 mA·h;

(5)循环次数:300 次。

3.B12710 智能电池功能

B12710 智能电池的主要功能有外壳防护、专用接口、电量指示、自动平衡、自动放电、温度监测、自动加热、带载开机、电量显示、电压显示、电流显示、使用记录、容量显示、温度监测、电芯状态、报警显示等，如图 1－21 所示。

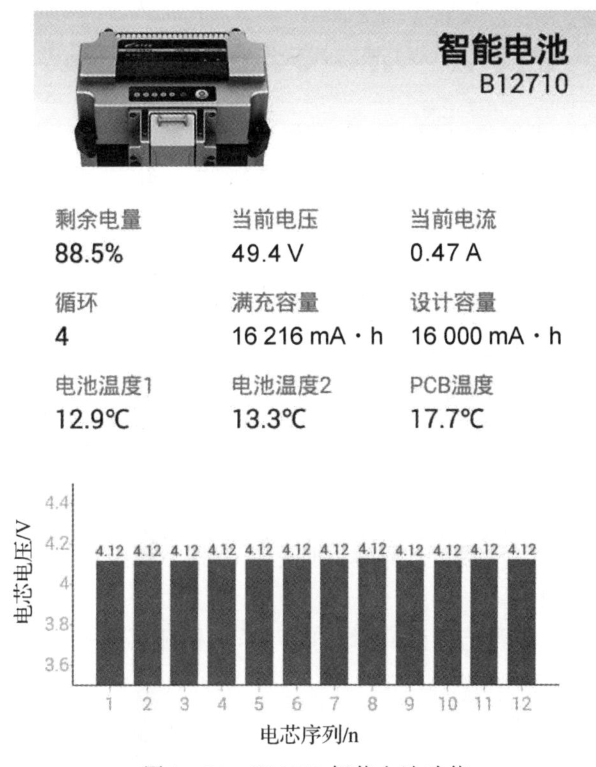

图 1－21　B12710 智能电池功能

4.B12710 智能电池操作使用

(1)智能电池指示灯(见图 1－22)。

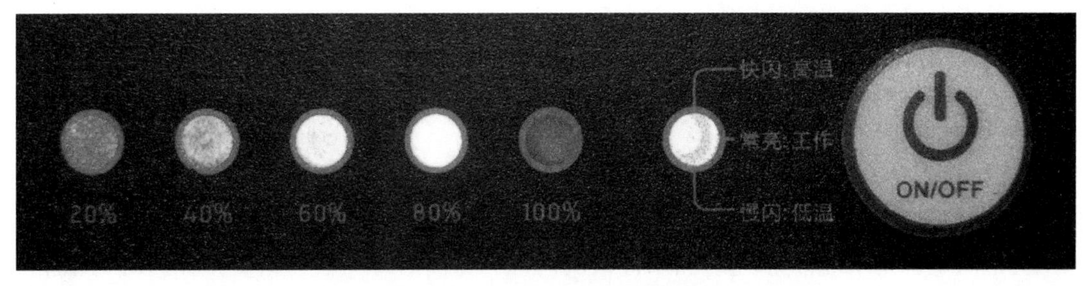

图 1－22　B12710 智能电池指示灯

指示灯含义如下：

“绿灯”：指示电池电量及充电状态；

“红灯”：指示电池电源及故障状态；

五颗绿灯常亮：90％～100％电量；

四颗绿灯常亮:70%～90%电量;

三颗绿灯常亮:50%～70%电量;

两颗绿灯常亮:30%～50%电量;

一颗绿灯常亮:10%～30%电量;

一颗绿灯单闪:5%～10%电量;

5%电量时电池锁止,此时一颗绿灯双闪,0%电量时电池直接断电;

红灯常亮:正常;

红灯快闪:高温报警(无法充电);

红灯慢闪:低温报警(电池自动加热至红灯常亮);

红灯双闪:电池故障(无法充电)。

(2)电池安装。

安装电池时,顺着电池卡槽慢慢放下电池并平着按压电池听见“咔嗒”声即表示安装完成。取下电池时用手提住把手,用大拇指捏住卡扣就可提出,更换过程仅需几秒。

使用适配器时,保持适配器方向正确,将挂钩置于挂钩槽中平贴电池,适配器接口对准电池接口,向接口方向推,听见“咔嗒”声即表示安装完成。取下时一手捏着卡扣一手拿着适配器,往接头的反方向拉就可取下。

(3)电池开机与关机。

1)开机:长按电源键待电量指示灯(即绿灯)闪烁后松开再长按,看到电源指示灯(即红灯)亮起并听见“嘀”声,开机完成。

2)关机:长按电源键待电量指示灯(即绿灯)闪烁后松开再长按,看到指示灯全部灭掉,关机完成。

长按电源键 5 s 可开启电池预加热。

(4)电池使用注意事项。

1)安装电池时应当检查电池接头处是否有异物尤其是金属异物,轻则电池安装不到位,重则会造成短路。

2)电池在使用完之后必须先关机再拔电池或适配器。

3)使用时应避免磕碰或跌落。

4)非专业人员请勿拆卸智能电池。智能电池内部有诸多精密电子元器件以及高压,如其出现任何问题,请勿私自拆卸,请将其交由保障中心由专业人员进行维修。

(5)智能电池的充电。

智能电池充电时应遵循这样的步骤:连接电源插头 → 连接适配器→ 开启电池,充电器如图 1 - 23 所示。

充电时电源指示灯常亮,电量指示灯依次闪烁。充满后蜂鸣器鸣叫 1 min 同时电量指示灯快闪 10 min 后自动关机。正常充电时充电适配器指示灯常亮,当充电不正常时,适配器上的灯会闪烁。

(6)充电注意事项。

1)充电时必须有专人值守。

2)禁止对刚使用完还没有冷却的电池进行充电。

3)充电时各充电器之间应保持一定间隔以保证散热。

4)充电器的电源线应摆放整齐。

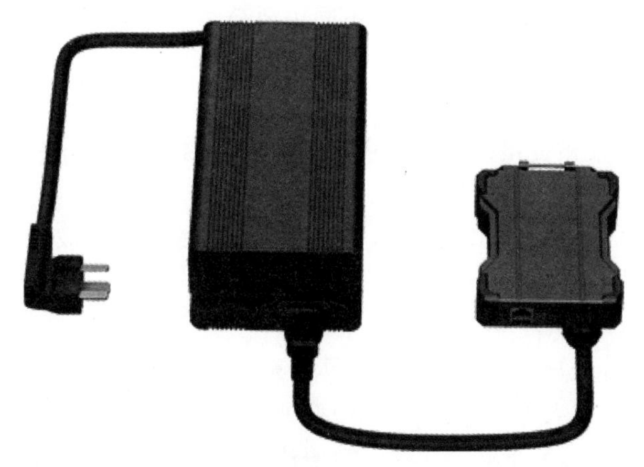

图1-23 B12710智能电池充电器
最大功率:800 W
输入电压:200～240 V(AC)
输出电压:50.4 V(DC)

(7)智能电池充电场地要求。

1)充电场地要求通风防潮、禁止暴晒、远离高温、严禁烟火!

2)充电场地必须配备相应的消防灭火设施及器材,如灭火器、消防沙、石棉毯等。

3)充电环境温、湿度应适宜。

4)充电场地电网总负荷应大于总充电器负荷。

(8)智能电池存储。

1)应配有相应的消防灭火器材,如灭火器、消防沙、石棉毯等。

2)存储时电量至少应保持在50%以上(三颗绿灯常亮),长时间不用应定期检查,至少三个月充满一次电。

3)注意保持仓库干燥、干净。

4)建议有专人24 h值班,值班人员应具备较高的消防意识。

(9)电池运输注意事项。

1)电池运输过程中应摆放稳固不可码放,防止车辆颠簸造成电池磕碰损坏。

2)运输过程中要远离水桶、药桶等液体,防止颠簸液体洒出造成电池损坏。

3)远离尖锐物品,防止刺穿或划伤。

1.7.5 动力电池的充电

虽然锂聚合物电池是多旋翼无人飞行器最主要的电源方案,但机载设备、遥控器等一些设备上面还有酸铁锂和镍氢等其他电池的需求,因此选用充电器时最好还要考虑到多旋翼无人飞行器各个供电系统的需求。

锂电池在使用中必须串联以达到使用电压的需要,单体性能上的参差不齐并不全是缘于电池的生产技术问题,从涂膜开始到成品要经过多道工序,即使每道工序都经过严格的检测程序,当时每块电池的电压、内阻、容量一致,但在使用一段时间以后,也会产生差异。所以在实际应用中须采取必要措施，尽量保证电池电压的一致性，避免电池过充及过放。因此，锂聚合物电池需要专用的充电器，根据充电方式的不同主要分为并行式平衡充电器和串行式平衡充电器。

1.并行式平衡充电器

并行式平衡充电器使被充电的电池块内部每节串联的电池都配备一个单独的充电回路，互不干涉，毫无牵连。每节电池都受到单独保护，并且每节电池都按规范在充饱和后自动停止充电。由于一般电池的平衡线的引线较细，受插接头和引线功率负载的限制，并行式平衡充电器的一般充电电流最大不超过 5 A。

2.常见并行式平衡充电器

(1)A6 充电器。A6 充电器(见图 1 - 24)具有充电截止电压(1.5～4.2 V)可调，充电电流(0.3～8 A)可调，可工作在人工、自动、放电、级联四种模式下，可进行充电量选择(保存电池时充入 40%电量，即单片电压＝3.85 V)和充满使用(单片电压＝4.2 V)，充电时间可设置等功能。

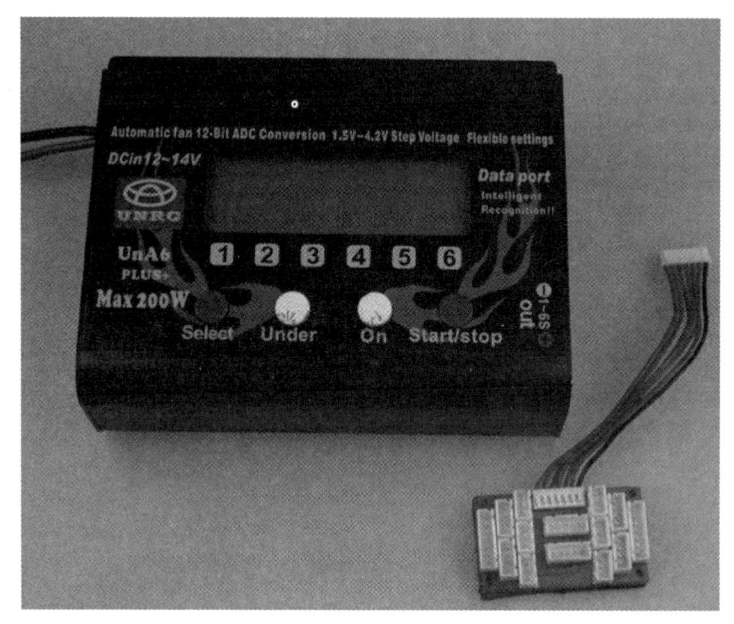

图 1 - 24　A6 充电器

(2)乐迪 CB86PLUS 充电器。乐迪 CB86PLUS 充电器(见图 1 - 25)最大输出功率为 156 W，可支持 8 组 1S～6S 锂电池充电，充电电流 0.1～6 A 可调。

3.串行式平衡充电器

串行式平衡充电器主要的充电回路是接线在电池的输出正、负极上，在电池组的各单体电池上附加一个并联均衡电路，常采用两种不同的工作模式对单体电池电压进行平衡。一类是放电式平衡，在电池组的各单体电池上附加一个并联均衡电路，以达到分流的作用。在这种模式下，当某个电池首先达到满充时，均衡装置能阻止其过充并将多余的能量转化为热能，继续对未充满的电池充电。该方法简单，但会带来能量的损耗，不适合快充系统。另一类是能量转移式平衡。在这种模式下运用分时原理，通过开关组件的控制和切换，使额外的电流流入电压相对较低的电池以达到均衡充电的目的，这种平衡充电方式可以用较大的电流充电。

图1-25　乐迪CB86PLUS充电器

4.常见串行式平衡充电器

(1)B6充电器。B6充电器(见图1-26)输出功率为50～60 W,可充锂聚合物电池、铁锂电池、镍氢电池和镍镉电池等多种型号电池，主要用于机械设备、遥控器等小容量电池的充电。

图1-26　B6充电器

(2)PL8充电器。PL8充电器(见图1-27)输出功率为1 344 W,可充锂聚合物电池、镍氢电池、镍镉电池和铅酸电池等多种型号电池，主要用于动力电池充电以及外场快速充电。

(3)ICharger4010duo双路2 000 W大功率充电器。ICharger4010duo双路2 000 W大功率充电器(见图1-28)采用双路独立输出，单路最大输出功率1 000 W,支持锂聚合物电池、镍氢电池、镍镉电池和铅酸电池等多种型号电池充电，主要用于大容量动力电池充电和外场快速充电。

5.充电器辅助设备

(1)电源适配器。目前常见的充电器输入电压一般在12～48 V之间，只有小功率的充电器将电源适配器(见图1-29)与充电器集成于一体，大功率的充电器基本都是独立供电的，在给充电器选配电源适配器时，考虑到备用功率、转换效率和设备损耗的影响，以及为了充分发挥充电器的最佳性能，电源适配器的最大输出功率要和充电器的最大输出功率的比值不低于1.2∶1～1.5∶1。例如：1台输出功率为1 000 W的充电器，应该为其配置一台输出功率不低于1 200 W的电源适配器。

图1-27　PL8充电器

图1-28　ICharger4010duo双路2 000 W大功率充电器

(2)并充板。为了解决多块电池同时充电的需求，有的配套厂家开发出并充板，如图1-30所示。其工作原理是将需要充电的多块电池的平衡接线和输出端分别并联进行充电，这种充电方式要求被充电电池必须是完全一样的型号，即相同的标称电压和容量，同时充电前的电压也要基本接近，电池单体误差最好在0.1 V以内。由于并充板在使用过程中无法检测到每个独立的电池单元的充电情况，因此在使用中存在较大的安全隐患，应慎重使用。

图1-29　电源适配器

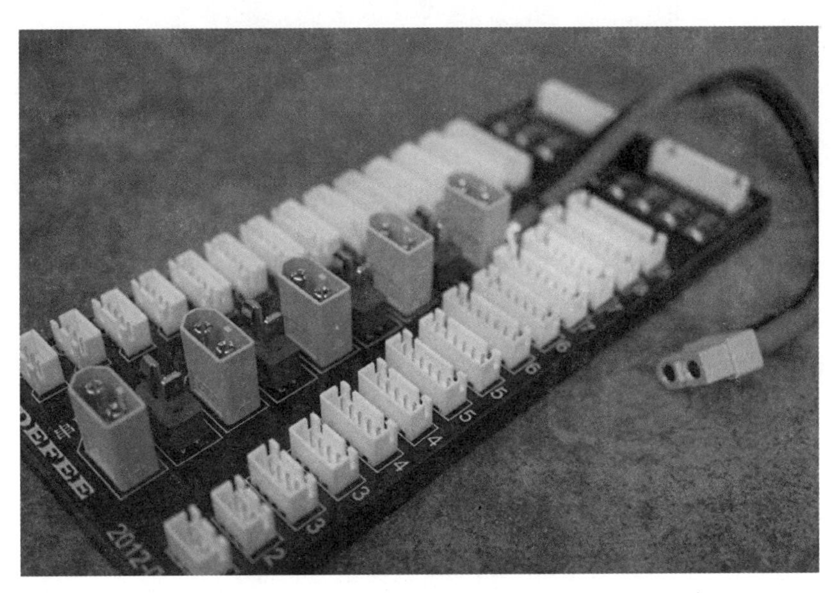

图1-30　并充板

(3)发电机。在作业时为解决外场充电的需要，往往要为充电设备配备发电机组，一般选用质量较轻的汽油发电机，便携式汽油发电机一般由动力部分和发电机部分组成，根据动力部分的不同，一般可以分为两冲程发电机和四冲程发电机(见图1-31、图1-32)。同样输出功率指标的两冲程发电机的质量较轻，但是工作时噪声较大，油耗高，由于使用的是混合油的润滑方式，发电机的废弃排放污染较为严重。四冲程发电机运行时较为平稳，噪声很小，废弃排放对环境的污染比两冲程发电机的小很多，油耗也低，但成本较两冲程发电机要高。

图 1 - 31　雅马哈两冲程小型汽油发电机 ET950(额定功率 650 W)

图 1 - 32　雅马哈四冲程小型汽油发电机 EF6600(额定功率 5 000 W)

1.7.6　各种电池性能比较

不同电池类型的性能比较见表 1 - 3。

表 1 - 3　不同电池类型性能比较

电池类型	单体电压/V	充放电特性	用　途
锂聚合物电池	3.7	无记忆效应,过放涨肚,大电流放电	动力电源
铅酸蓄电池	6、12	无记忆效应,大电流放电	廉价,适用于启动电源
镍氢电池	1.2	小记忆效应,小电流放电	适用于设备电源
镍镉电池	1.2	强记忆效应,大电流放电	早期动力电源
干电池	1.5	不可充电,小电流放电	临时设备电源

1.7.7　正确使用与保养动力电池

根据无人机采用的锂聚合物电池的特性，正确使用电池能确保电池的寿命不降低，从而最大限度保证无人机的飞行安全，通常需要做到以下几方面。

(1)不过放。电池的放电曲线表明，刚开始放电时，电压下降比较快，但放电到 3.7～3.9 V 之间时，电压下降变慢。而一旦电压降至 3.7 V 以后，电压下降速度就又会加快，控制不好就容易导致过放，轻则损伤电池，重则会因电压太低造成炸机。有些飞手因为电池较少，所以每次飞都会过放，这样会造成电池很短命。合理的策略是，尽量少飞 1 min，寿命就多飞一个循环；宁可电池多买两块，也不要每次把电池飞到超过容量极限；要充分利用电池报警器，一报警就应尽快降落。

(2)不过充。这个对于充电器有要求，有些充电器在充满以后的断电功能不完善，导致单片电池充满到 4.2 V 还没有停止充电。另外，有些充电器使用一段时间以后，因为元器件老化，也容易出现充满不停止的问题。因此，锂聚合物电池充电的时候一定要有人照看，当发现充电时间过长时，要人工检查充电器是否出现故障，如果出现故障要尽快拔掉电池，否则锂聚合物电池过充的话，轻则影响电池寿命，重则直接出现爆炸起火。另外充电时一定要按照电池规定的或更低的充电电流进行充电，不可超过规定充电电流。

(3)不满电保存。充满电的电池，不能满电保存超过 3 天，如果超过一个星期不放电，有些电池就直接鼓包了，有些电池可能暂时不会鼓包，但几次满电保存后，电池可能会直接报废。因此，正确的方式是在接到飞行任务后再充电，电池使用后如在 3 天内没有飞行任务，请将单片电压充至 3.80～3.85 V 保存；如充好电后因各种原因没有飞，要在充满后 3 天内把电池放电到 3.80～3.85 V 保存；如在三个月内没有使用电池，将电池充放电一次后继续保存，这样可延长电池寿命。

(4)不损坏外皮。电池的外皮是防止电池爆炸和漏液起火的重要结构，锂聚合物电池的铝塑外皮破损将会直接导致电池起火或爆炸。电池要轻拿轻放，在飞机上固定电池时，扎带要束紧。因为有可能在做大动作飞行或摔机时，电池因为扎带不紧而甩出，这样也很容易造成电池外皮破损。

(5)不短路。短路往往发生在电池焊线维护和运输过程中。短路会直接导致电池打火或者起火爆炸。当发现使用过一段时间后电池出现断线的情况，需要重新焊线时，特别要注意电烙铁不要同时接触电池的正极和负极。另外运输电池的过程中，最好的办法是每个电池都单独套上自封袋并置于防爆箱内，防止运输过程中，因颠簸和碰撞导致某片电池的正极和负极同时碰到其他导体而短路。

(6)电池保存在安全放置环境。

1)不要在高/低温环境充放电。极端温度会影响电池的性能和寿命，充电前应检查已使用过的电池是否已经冷却，不要在寒冷的车库、地下室、阳光直射下或热源附近充放电。

2)电池应放置在阴凉的环境下储存。长期存放电池时，最好能将其放在密封袋中或密封的防爆箱内，建议环境温度为 10～25℃，且干燥、无腐蚀性气体。

3)在起飞之前要给电池做保温处理，将电池保存在温暖的环境中，如房屋内、车内、保温箱内等。要起飞时快速安装电池，并执行飞行任务。在低温飞行时尽量将时间缩短到常温状态的一半，以保证安全飞行。在北方或高海拔地区常会有低温天气出现，此时电池如长时间在外放置，它的放电性能会大大降低，如果还要以常温状态时的飞行时间去飞行，那一定会出问题。此时应将报警电压升高（比如单片报警电压调至 3.8 V），因为在低温环境下压降会非常快，报警一响应立即降落。

（7）远离农药，防止电池腐蚀。植保无人机作业中的药水对电池有一定腐蚀性，外部防护不到位也会对电池造成腐蚀。不正确的使用方式还可能对电池的插头产生腐蚀。因此，用户在充电后、实际作业时必须避免药物对电池的腐蚀。作业结束后电池放置时必须远离药物，这样才能减少药物对电池的腐蚀。

（8）正确保养电池。应定期检查电池主体、把手、线材、电源插头，观察外观是否受损、变形、腐蚀、变色、破皮，以及插头与飞机的接插是否过松。飞行结束后电池温度较高，需待电池温度降至 40℃以下再对其进行充电（电池充电最佳温度范围为 5～40℃）。作业结束后，建议对电池进行慢充。

1）夏季：在户外高温放电后或高温下取回电池后最好不要立即进行充电，应待电池表面温度下降后再对其进行充电，这样可以大大提高电池的寿命周期。夏季气温比较高，电池最好不要暴晒在阳光下。

2）冬季：放电后电池应采取有效的保温措施（如使用保温箱保存），以确保电池的温度在 5℃以上，低温环境下电池的续航时间会明显地缩短，出现低电量报警后，须立即返回降落。

（9）电池应急处置方法。电池在充电站发生起火时，应首先切断设备电源，用石棉手套或火钳摘下充电站架上燃烧的锂电池，隔置于地面或消防沙桶中，用石棉毯盖住地面上锂电池燃烧的火苗，再用消防沙掩埋石棉毯以隔绝空气将火苗窒息。若需将使用殆尽的电池报废，应用盐水完全浸泡电池 72 h 以上，确保其完全放电后再进行晾干报废。

1）切忌用干粉扑灭，因干粉对固体金属化学火灾需要大量粉尘覆盖，且对设备有腐蚀作用，污染空间。

2）二氧化碳不污染空间和腐蚀机器，但只能达到对火苗瞬间抑制的作用，需用沙石、石棉毯配合使用。

3）隔离窒息是应对锂电池燃烧的最好方法。

4）第一时间发现者应尽快扑救，同时用通信工具通知其他人员增援，最大限度减少财产损失和人员伤害。

1.8 无人机电机、电调和螺旋桨的选择

1.8.1 电机的选择

电机的选择要考虑到无人机的续航时间、飞行性质、尺寸等参数，最终做出一个综合最优的搭配选择。

以四旋翼无人机为例，先要根据电池和电调来选择合适的电机型号，其原则如下：

(1)电机工作的最大电压要低于锂聚合物电池的输出电压;

(2)根据无人机的总重选择电机的功率,一般多旋翼无人机在巡航中重量(质量)-功率比基本保持在 8 g/W 以上。例如无人机的整机质量为 8 kg,选择的电机功率为 8 000/8=1 000 (W)。如果选择 4 旋翼构型的无人机,电机功率选择 250 W 就可以满足要求;如果选择 8 旋翼构型的无人机,电机功率选择 125 W 就可以了。

先查出要起飞的设备包括机架、图传、摄像头、螺旋桨、接收机、电池等的质量,并把它们的质量加起来,然后根据总质量选定一套中值动力,例如选择某品牌的 2204 电机,其测试数据见表 1-4。

表 1-4　某品牌电机测试数据

<table>
<tr><th>电机型号</th><th>电压/ V</th><th>螺旋桨尺寸</th><th>电流/A</th><th>整机质量/g</th><th>功率/W</th><th>重量(质量)-功率比(g/W)</th><th>转速/(r・min⁻¹)</th></tr>
<tr><td rowspan="9">MT2204 Ⅱ -2300KV</td><td rowspan="3">8</td><td>HQ5040 桨</td><td>4.9</td><td>210</td><td>39.2</td><td>5.4</td><td>13 840</td></tr>
<tr><td>HQ6045 桨</td><td>8.2</td><td>320</td><td>65.6</td><td>4.9</td><td>11 300</td></tr>
<tr><td>6030 碳桨</td><td>6.4</td><td>240</td><td>51.2</td><td>4.7</td><td>11 910</td></tr>
<tr><td rowspan="4">12</td><td>5030 碳桨</td><td>7.5</td><td>310</td><td>90.0</td><td>3.4</td><td>20 100</td></tr>
<tr><td>6030 碳桨</td><td>11.5</td><td>440</td><td>138.0</td><td>3.2</td><td>16 300</td></tr>
<tr><td>HQ5040 桨</td><td>8.4</td><td>390</td><td>100.8</td><td>3.9</td><td>19 040</td></tr>
<tr><td>HQ6045 桨</td><td>13.2</td><td>530</td><td>158.4</td><td>3.3</td><td>14 600</td></tr>
<tr><td rowspan="2">14.8</td><td>HQ5040 桨</td><td>10.7</td><td>510</td><td>158.4</td><td>3.2</td><td>22 180</td></tr>
<tr><td>HQ6045 桨</td><td>15.7</td><td>620</td><td>232.4</td><td>2.7</td><td>16 100</td></tr>
</table>

根据表 1-4 选择能提供足够推力并且效率最高的选项,即 12 V 电压配 HQ5040 螺旋桨。

1.8.2　电调的选择

电机确定了,就能知道它的最大电流,就可以根据电机的最大电流来选择电调。一般应遵循以下选择标准:

(1)电调的输出电流必须大于电机的最大电流;

(2)电调最高承载电压要大于电池电压;

(3)电调最大电压不能超过电机能承受的最大电压;

(4)电调最大持续输出电流要小于电池持续输出电流。

例如,现有带桨电机的最大电流是 20 A,那么就必须选取能输出 20 A 以上电流(25 A、30 A、40 A 都可以)的电调,越大越保险。

另外,电池的放电电流达不到电调的电流时,电调就发挥不了最高性能,而且电池会发热,产生爆炸,所以一般情况都需要电池的电流大于电调的电流。

1.8.3　桨叶的选择

电机、螺旋桨与多旋翼整机的匹配是一个比较复杂的问题,螺旋桨越大,升力就越大,但对应需要更大的力量来驱动;螺旋桨转速越高,升力越大;电机的 KV 值越小,转矩就越大。综上所述,大螺旋桨需要用低 KV 值电机;小螺旋桨需要用高 KV 值电机(因为需要用转速来弥补升力不足)。如果用高 KV 值电机带动大桨,力量不够,那么就很困难,实际还是低速运转,电机和电调很容易烧掉；如果用低 KV 值电机带动小桨，完全没问题，但升力不够，可能造成无法起飞。

可以从以下几方面去进行匹配选择。

(1)按照选择多旋翼布局→选择螺旋桨→选择电机→选择电调→选择电池的步骤进行配置。按照多旋翼无人机搭载的任务设备、预计飞行时间、总起飞质量并留出冗余量先估算出无人机所需的拉力，这个拉力可以用四旋翼来提供，也可以用六旋翼满足。每个旋翼轴的拉力和功率可以用大桨低速满足，也可以用小桨高速满足，但低速的大桨效率高。优先选择 X 布局四旋翼形式，尽量采用最大尺寸的桨，如果结构不好布置再考虑六、八旋翼形式，换中尺寸的桨，然后再分步选择电调和电池。

(2)大螺旋桨用低 KV 值电机，小螺旋桨用高 KV 值电机。如果用高 KV 值电机带动大桨，扭矩不够，转不动或转不快，电机和电调很容易烧掉。如果用低 KV 值电机带动小桨，完全没有问题，只是转速低，升力不够，无法离地。

(3)选择动力冗余配置。根据飞行器的全重和电机厂家配以各类螺旋桨的测试参数，选择挂载全套设备后依旧有 50%或以上动力冗余的螺旋桨与电机配置。多旋翼螺旋桨的拉力除用于悬停外，还有一部分动力用来前进后退，左右平移。最关键的还有抗风，所以建议保留一半的动力来做这些动作，而且可使电池电压降低后不至于升力不足而炸机。一般 4 个 2212 电机的最大拉力是 33 N，整机质量不要超过最大拉力的 2/3，也就是 2 200 g。如果超过这个界限，电机就是高负荷运行，后果是效率变低，电机振动变大，同时可能会影响飞控。

动力冗余对于六、八旋翼飞行器来说，如果其中一轴出现问题，还能保留动力完成降落或返航。如果挂载设备后质量已经接近螺旋桨与电机配置的极限，一旦其中一轴出现问题，飞控会尝试通过其他几轴输出更大油门来稳定姿态，会直接让其他几轴的电机、电调迅速达到保护临界，电机过热、电调烧毁，随时可能导致炸机。

(4)四旋翼无人机建议的螺旋桨、电机搭配(见表 1-5)。

表 1-5　螺旋桨、电机搭配

电池串联节数/节	多旋翼无人机总重/kg	电机型号	螺旋桨型号
3	＜1.8	2216KV800	APC1147
3	＜2	2810KV750	APC1238
3	＜2.5	2814KV700	APC1340
4	＜2.5	2814KV600	APC1340
		3110KV650	APC1238
		3508KV580/KV700	DJI1555/APC1540
		4108KV480/KV600	APC1447/APC1540
6	＜3	3508KV380	DJI1555
		4108KV380	DJI1555
		4010KV320	DJI1555
		4008KV400	APC1447

(5)四旋翼无人机建议的螺旋桨、机架搭配(见表 1-6)。

表 1-6　螺旋桨、机架搭配

螺旋桨尺寸/in	机架轴距尺寸/mm	螺旋桨尺寸/in	机架轴距尺寸/mm
10	450	16	720
11	500	17	780
12	550	18	820
13	600	19	860
14	650	20	900
15	680		

习　题　1

1.动力电机的主要技术参数有哪些?

2.电子调速器的主要技术参数有哪些?

3.动力电池的主要技术参数有哪些?

4.以 1045 桨为例,桨叶规格的含义是什么?

5.聚合物锂电单片电压是多少? 3S2P 代表什么含义?

6.请以 5 000 mA·h、20 C 锂电池为例,解释放电倍率的含义,该电池最大放电电流为多少?

7.简述无人机系统用电池类型、单体电压、充放电特性、用途等。

8.普通无刷电调有几根线? 分别连什么?

9.简述无人机系统电机的分类、最常用类型及特点。

10.外转子电机规格 2208 、9T 表示什么含义?

11.螺旋桨 1107、CW、CCW 表示什么含义?

12.多旋翼电调与电机如何匹配?

13.简述内、外转子无刷电机的特点、区别及应用领域。

14.在聚合物锂电满电的情况下,6S、10 000 mA·h 电池搭配 100 KV 的电机与 3S、20 000 mA·h电池搭配 300 KV 的电机哪个转速更快?

15.给定型号的桨叶,桨叶上的数字(1555)分别代表什么?

第2章　无人机动力电机工作原理

内容提示

电动无人机动力主要通过无刷直流电机带动螺旋桨旋转产生升力，微型电动无人机动力主要由空心杯电机提供，有刷直流电机在无人机上已经应用得非常少。无刷直流电机主要由定子、转子、底座、轴承、主轴等部件组成，无刷直流电机通过三根线连接电调，电调通过反电动势法或其他方法检测电机的转子位置，控制电机的换相，实现电机的正常运转。空心杯电机采用无铁芯转子，消除了由于铁芯形成涡流而造成的电能损耗，同时其质量和转动惯量大幅度降低，主要应用在微特电机上。

教学要求

(1) 掌握电磁定律的使用方法。

(2) 理解无刷直流电机的结构与工作原理。

(3) 理解有刷直流电机的结构与工作原理。

(4) 理解空心杯电机的结构与工作原理。

内容框架

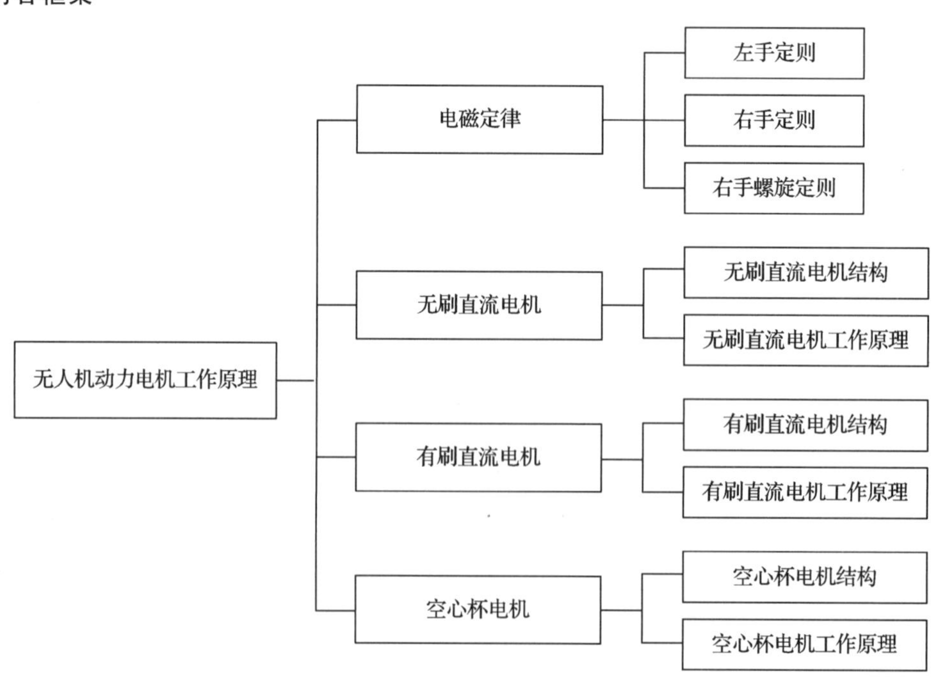

2.1　三个基本定则

2.1.1　左手定则

左手定则可称为“电动机定则”，是判断通电导线在磁场中的受力方向的法则，是指磁场对电流的作用力，或者是磁场对运动电荷的作用力。其内容是，位于磁场中的载流导体，会受到力的作用，力的方向可按左手定则确定，如图 2－1 所示，伸开左手，使大拇指和其余四指垂直，把手心面向 N 极，四指顺着电流的方向，那么大拇指所指方向就是载流导体在磁场中的受力方向。

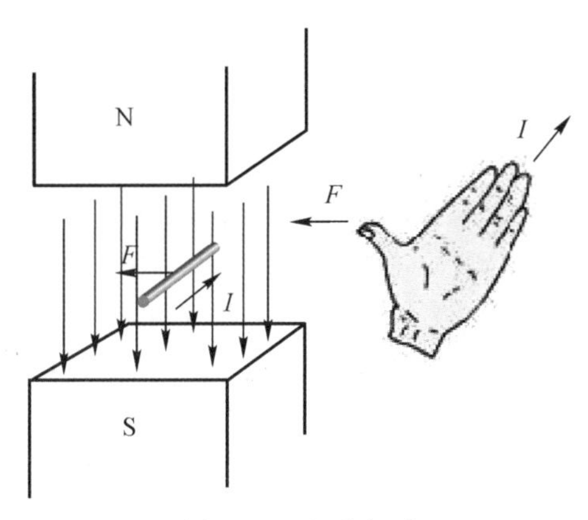

图 2－1　左手定则

力的大小为

$$F = BIL\sin\theta$$

式中：B 为磁感应强度（单位 T），I 为电流大小（单位 A），L 为导体有效长度（单位 m），F 为力的大小（单位 N），θ 为 B 和 I 的夹角。

2.1.2　右手定则

右手定则是确定在磁场中运动的导线感应电流方向的定则，又称“发电机定则”，也是感应电流方向和导体运动方向、磁力线方向之间的关系判定法则。其内容是，伸开右手，使大拇指跟其余四个手指垂直并且都跟手掌在一个平面内，把右手放入磁场中，让磁力线垂直穿入手心，大拇指指向导体运动方向，则其余四指指向感生电动势的方向。感生电动势的方向与产生的感应电流的方向相同。

在磁场中运动的导体因切割磁力线会感生出电动势，如图 2－2 所示，其大小为

$$E = BL\nu\sin\theta$$

式中：ν 为导体的运动速度（单位 m/s），B 为磁感应强度（单位 T），L 为导体长度（单位 m），θ 为 B 和导线的夹角。

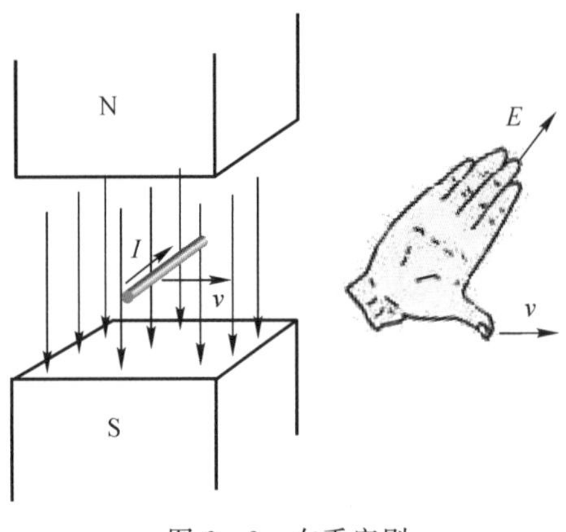

图 2-2　右手定则

2.1.3　右手螺旋定则

右手螺旋定则，也叫安培定则，是表示电流和电流激发磁场的磁力线方向间关系的定则。通电直导线中的安培定则（安培定则一，如图 2-3 所示）：用右手握住通电直导线，让大拇指指向电流的方向，那么四指指向就是磁力线的环绕方向；通电螺线管中的安培定则（安培定则二，如图 2-4 所示）：用右手握住通电螺线管，让四指指向电流的方向，那么大拇指所指的那一端是通电螺线管的 N 极。

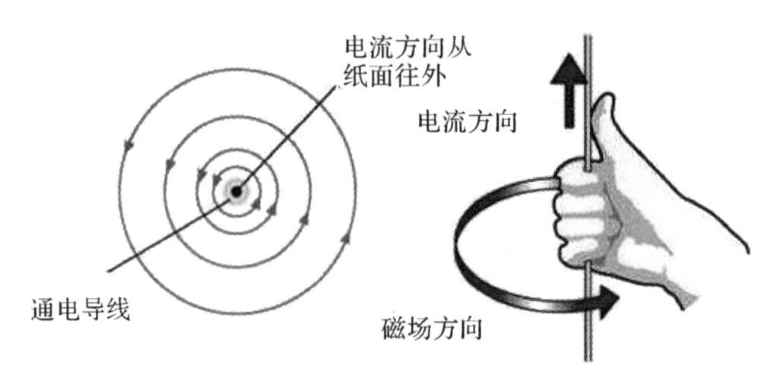

图 2-3　安培定则一

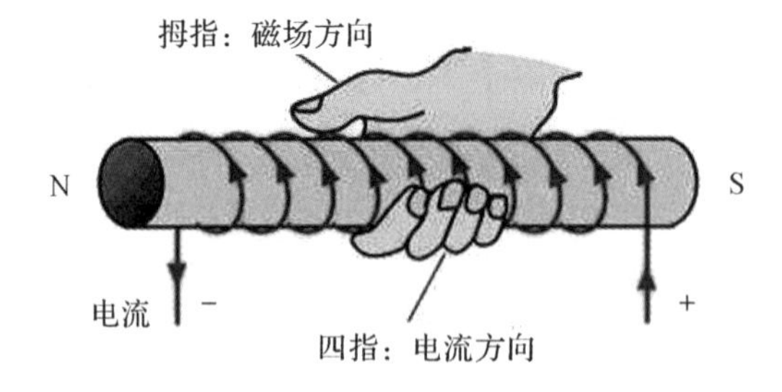

图 2-4　安培定则二

2.2　无刷直流电机结构与原理

2.2.1　无刷直流电机结构

1.无刷直流电机的组成

无刷直流电机(Brushless DC Motor,BLDCM)主要由用带有线圈绕组的定子和位置传感器(可有可无)、永磁材料制造的转子、底座、轴承、主轴组成,如图 2-5 所示。

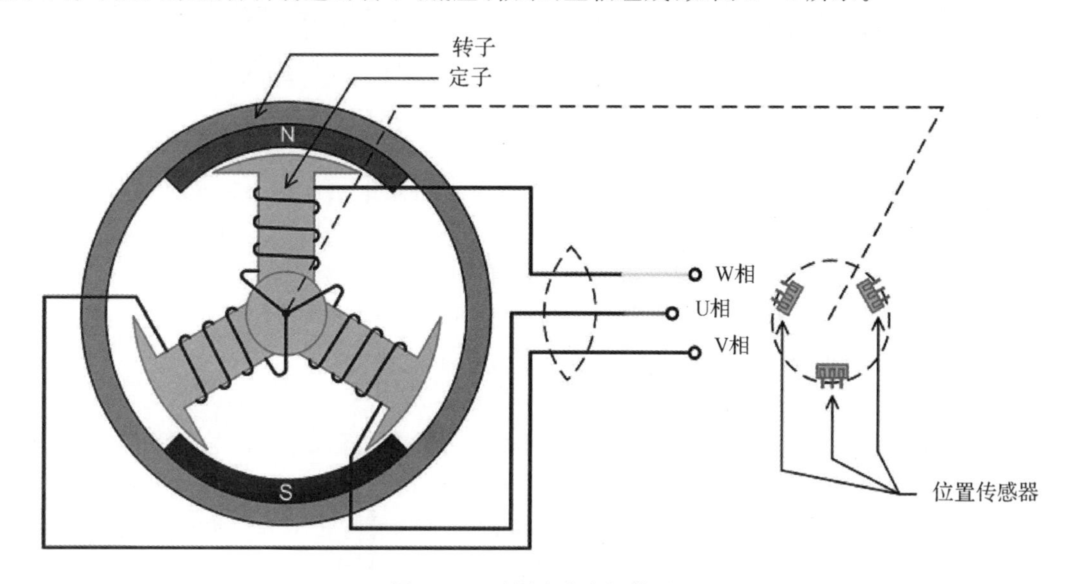

图 2-5　无刷直流电机模型

(1)定子。BLDCM 的定子是由许多硅钢片经过叠压和轴向冲压而成。每个冲槽内都有一定的线圈组成了绕组。从传统意义上讲,BLDCM 的定子和感应电机的定子有点类似,不过在定子绕组的分布上有一定的差别。大多数的 BLDCM 定子有多个呈星形排列的绕组。每个绕组又由许多内部结合的硅钢片按照一定的方式组成。偶数个绕组分布在定子的周围组成了偶数个磁极。

BLDCM 的定子绕组可以分为梯形和正弦波形两种绕组。它们的根本区别在于绕组不同的连接方式使它们产生的反电动势不同,分别呈现梯形和正弦波形,故用此命名。

(2)转子。转子多是对永磁体按照 N 极和 S 极交替排列在转子周围构成的(内转子型)。如果是外转子型 BLDCM,那么就是贴在转子内壁,如图 2-6 所示。

无刷直流电机和有刷直流电机有着很多共同点:定子和转子的结构差不多(原来的定子变为转子,转子变为定子),绕组的连线也基本相同。但是结构上它们有一个明显的区别:无刷直流电机没有有刷直流电机中的换向器和电刷,取而代之的是位置传感器。这样,电机结构就相对简单,降低了电机的制造和维护成本,但无刷直流电机不能自动换相,所付出的代价是电机控制器成本的提高。

(3)底座。底座用来将电机固定在飞机机架上,在底座上开有多个安装孔,通过螺丝固定在飞机机架上。另外电机的定子通过一定的压力和黏合剂与底座紧密地黏结在一起。

图 2-6　外转子无刷电机部件

(4)轴承。轴承分布在电机底座的上、下两端,一般每个电机有两个轴承。轴承外圈固定在底座上,内圈与主轴和电机转子一起高速旋转。电机有一定的正常工作时间,超过工作时间,电机的轴承要进行更换,以保证电机的正常使用。

(5)主轴。主轴用于固定螺旋桨,有些电机的主轴是可以拆卸的,方便主轴的更换;有些电机安装了自锁桨,主轴和转子做成一体,需要与转子一起更换。

2.无刷直流电机的结构

无刷直流电机的定子有三相绕组,分为星形连接方式和三角形连接方式,而“三相星形连接的两两导通方式”最为常用。一般而言,电机的绕组数量和永磁极的数量是不一致的,比如用 9 绕组 6 极,而不是 6 绕组 6 极,这样是为了防止定子的齿与转子的磁钢相吸而对齐,产生类似步进电机的效果,此种情况下转矩会产生很大波动。如图 2-7 所示,分别为 3 绕组 2 极、6 绕组 8 极、6 绕组 4 极。

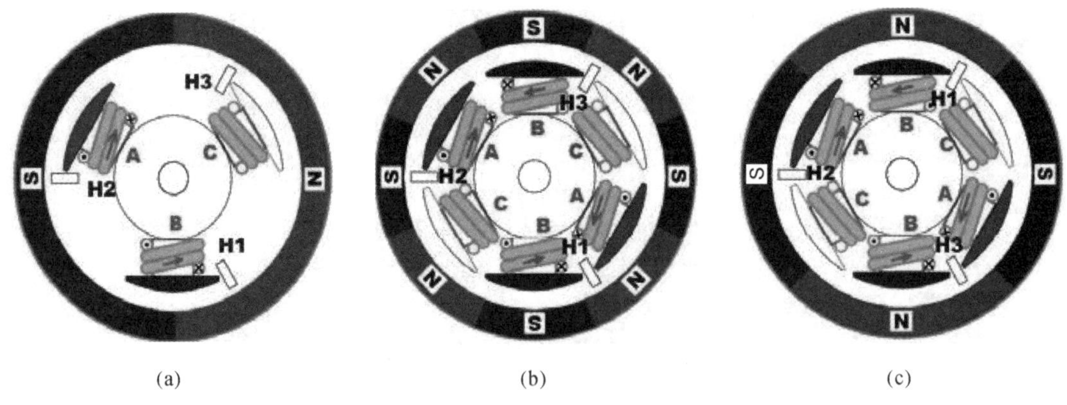

图 2-7　一些常见外转子无刷电机结构

(a)3 绕组 2 极;(b)6 绕组 8 极;(c)6 绕组 4 极

3.三相绕组连接方式

一般来说,定子的三相绕组有星形连接和三角形连接两种方式。

(1)星形连接方式。图 2-8 所示为定子绕组的星形连接方式(转子未画出),三个绕组通过中心的连接点以“Y”形的方式被连接在一起。整个电机就引出三根线 A、B、C,当它们之间两两通电时，有 6 种情况，分别是 AB、AC、BC、BA、CA、CB，图 2-9(a)～(f)分别描述了这 6 种情况下每个通电线圈产生的磁感应强度的方向(用短箭头表示)和两个线圈的合成磁感应强度方向(用长箭头表示)。

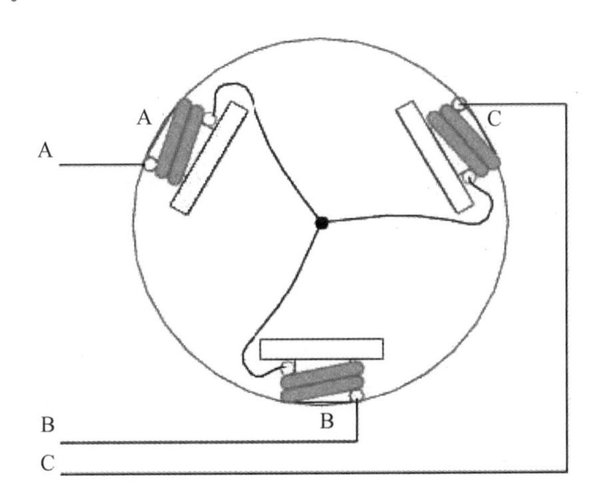

图 2-8　绕组星形连接方式

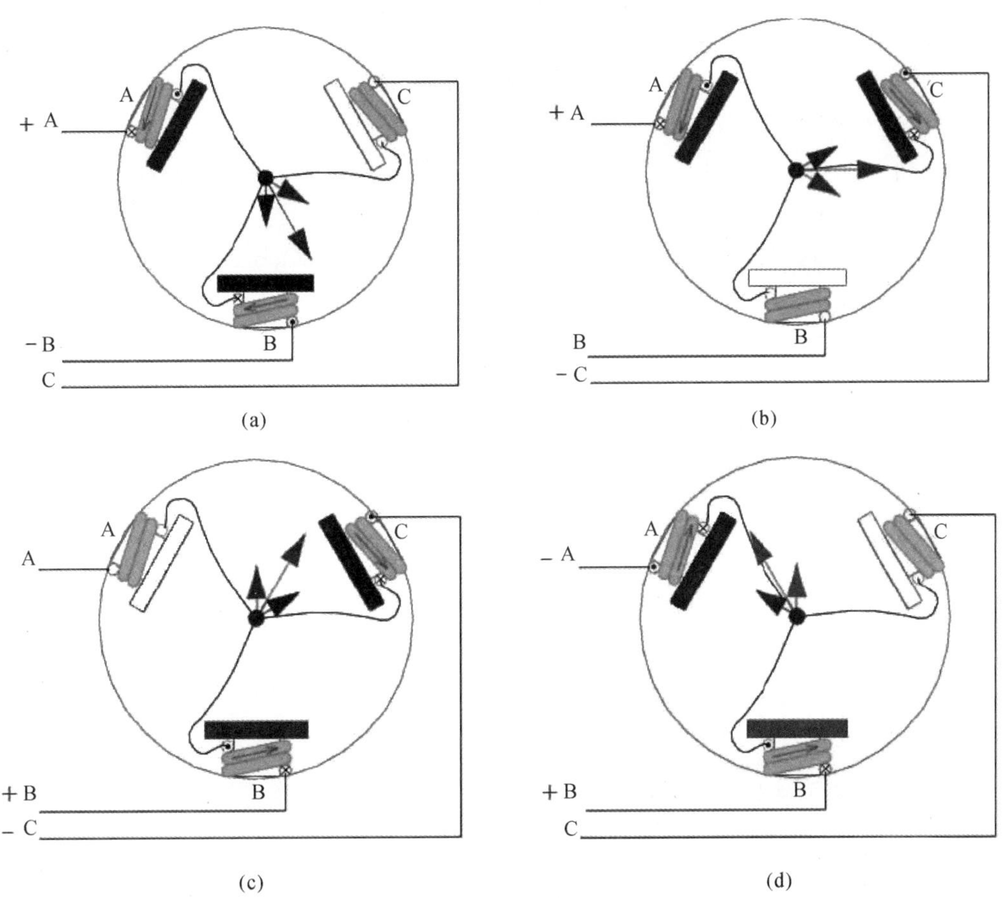

图 2-9　星形绕组两两通电的 6 种情形

(a)AB 相通电情形；(b) AC 相通电情形 ；(c)BC 相通电情形；(d) BA 相通电情形

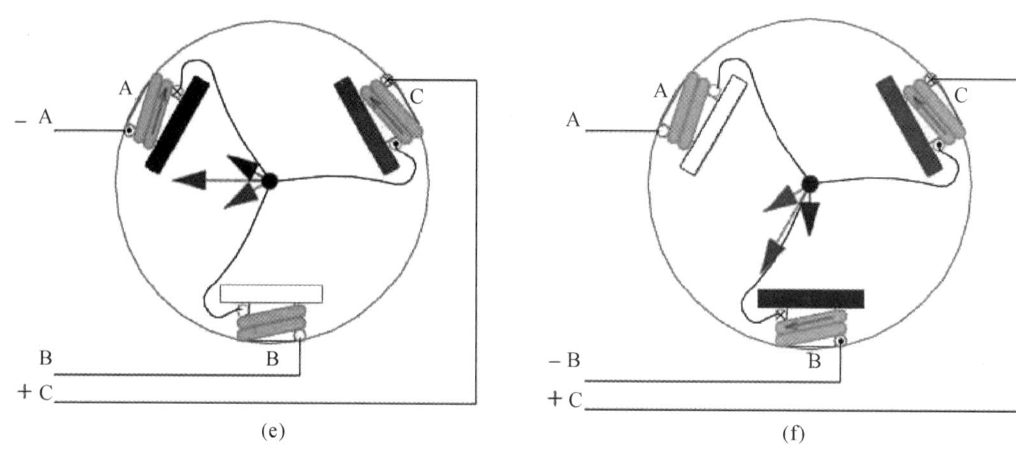

续图 2-9　星形绕组两两通电的 6 种情形

(e)CA 相通电情形；(f) CB 相通电情形

在图 2-9(a)中，AB 相通电，中间的转子(图中未画出)会尽量往长箭头方向对齐，当转子到达图 2-9(a)中长箭头位置时，外线圈换相，改成 AC 相通电，这时转子会继续运动，并尽量往图 2-9(b)中的长箭头处对齐，当转子到达图 2-9(b)中长箭头位置时，外线圈再次换相，改成 BC 相通电，再往后以此类推。当外线圈完成 6 次换相后，内转子正好旋转一周(即 360°)。

通过上述分析可得：何时换相只与转子位置有关，而与转速无关。

(2)三角形连接方式。图 2-10 所示为定子绕组的三角形连接方式(转子未画出)，三个绕组通过 A 尾—C 头、B 尾—A 头、C 尾—B 头的方式被连接在一起。整个电机就引出三根线 A、B、C，当它们之间两两通电时，有 6 种情况，分别是 AB、AC、BC、BA、CA、CB，工作原理与星形连接方式相同。

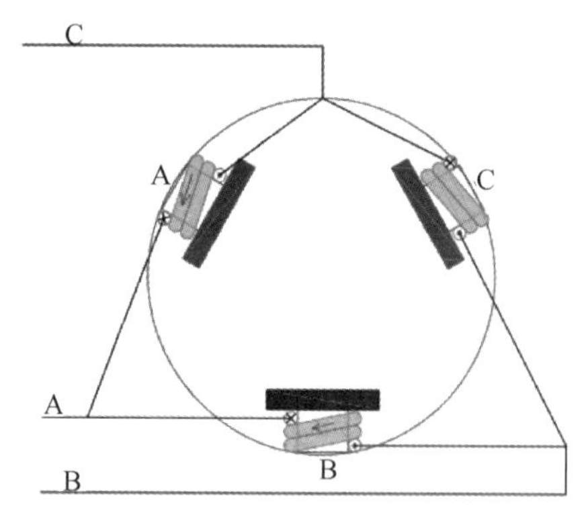

图 2-10　绕组三角形连接方式

2.2.2　无刷直流电机工作原理

1.磁回路分析法

在图 2-11 中，当两头的线圈通上电流时，根据右手螺旋定则，会产生方向指向右的外加磁感应强度 B(如粗箭头方向所示)，而中间的转子会尽量使自己内部的磁力线方向与外磁力线方向保持一致，以形成一个最短闭合磁力线回路，这样内转子就会按顺时针方向旋转了。

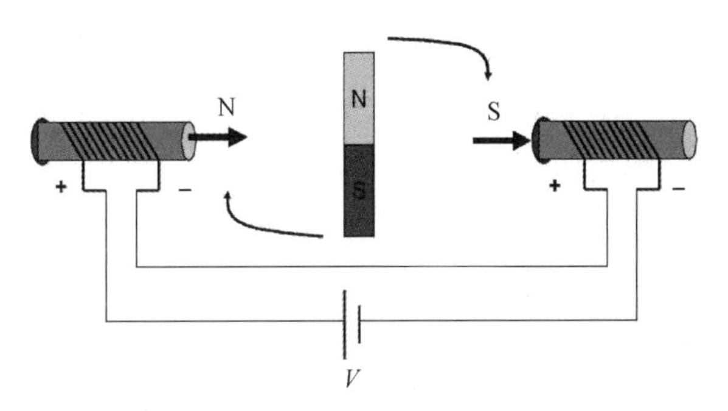

图 2－11　转子在垂直位置

当转子转到水平位置时，虽然不再受到转动力矩的作用，但由于惯性原因，还会继续顺时针转动，这时若改变两头螺线管的电流方向，如图 2－12 所示，转子就会继续顺时针向前转动。

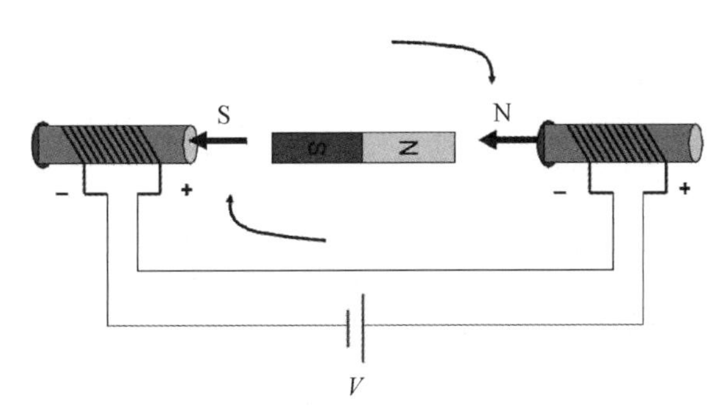

图 2－12　转子在水平位置

如此不断改变两头螺线管的电流方向，转子就会一直转起来。改变电流方向的这一动作，就叫作换相(commutation)。注意：何时换相只与转子的位置有关，而与转速无关。

2.转子磁场的分布情况

图 2－13 所示为转子磁极的磁感应强度 B 的分布情况。预定义磁感应强度方向向外为正，从图中可以看出，在 0°的时候，磁铁的磁感应强度处于正、反方向交界处，磁感应强度为零，然后开始线性增加，在 A 点时达到最大，在 A、B 两点之间一直保持恒定值不变，直到 B 点开始下降，到 180°的时候下降到零；然后开始负向增长，在 C 点处达到负值最大，在 C、D 两点之间一直保持恒定负值不变，直到 D 点强度开始减弱，到 0°时又回到零。至于 A 点到底在几度的位置，不同的电机位置也不一样。如果 A 点非常接近 0°的位置，上升和下降直线就会非常陡峭，“梯形波”就变成了“方波”。根据右手定则 $E=BLv$ 的公式，在匀速转动下，各绕组产生的反电动势波形也呈梯形波/方波。

3.转子的受力分析

在图 2－14(a)中，AB 相通电，线圈处于转子产生的磁场内，根据左手定则，判断线圈 AA′中的上半部导线 A 受到一个顺时针方向的电磁力，而 AA′的下半部导线 A′也受到一个顺时针方向的电磁力。由于线圈绕组在定子上，定子是固定不动的，根据作用力与反作用力，定子绕组 AA′会施加给转子一个逆时针方向的反作用力，转子在这个力的作用下就转起来了。同理，与 AA′的情况类似，BB′也会对转子产生一个逆时针的反作用力。

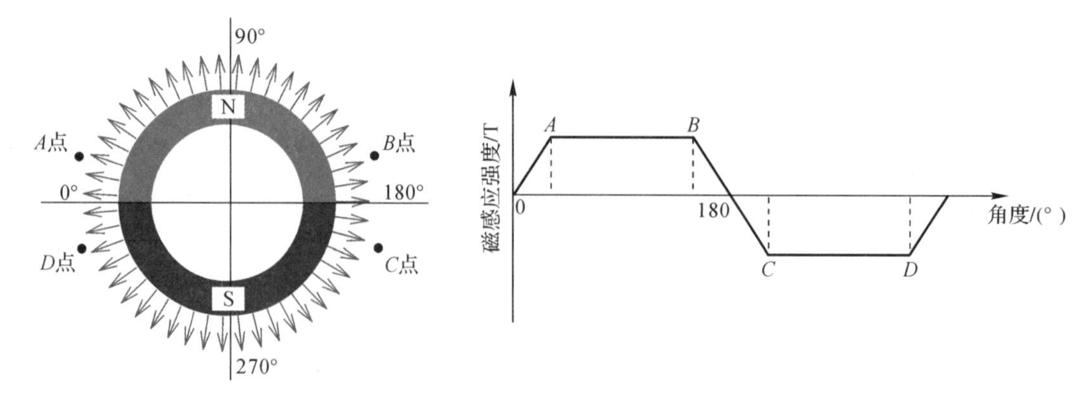

图 2-13　转子磁感应强度分布情况

当转子逆时针转过 60°后，到达图 2-14(b)的位置，这时线圈 BB′已经到达转子磁极的边缘位置了，再转下去就要产生反方向的力了，所以这时就要换相，换成 AC 相通电，如图 2-14(c)所示。这样，每过 60°换相通电，转子就可以一直转下去了。

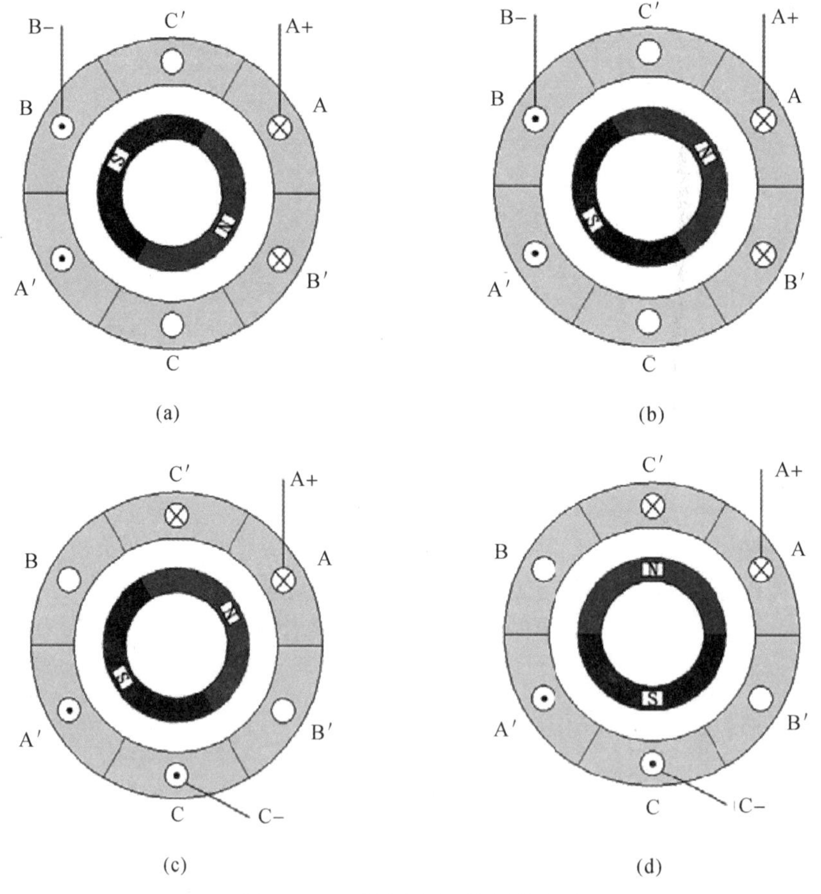

图 2-14　转子位置与换相的关系

(a) AB 相通电；(b) 转过 60°；(c) AC 相通电；(d) 转过 60°

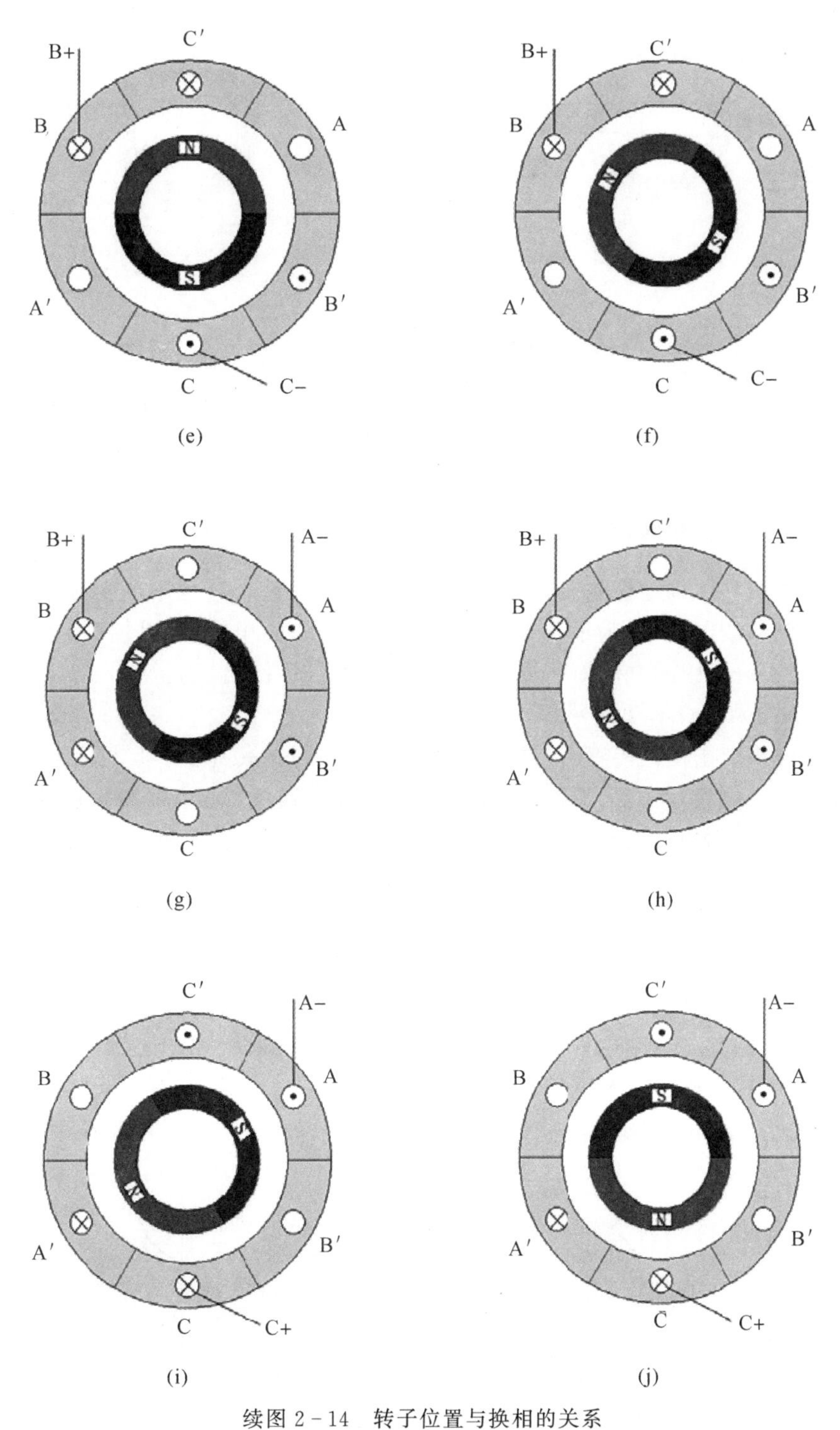

续图 2-14　转子位置与换相的关系

(e) BC 相通电；(f) 转过 60°；(g) BA 相通电；(h) 转过 60°；(i) CA 相通电；(j) 转过 60°

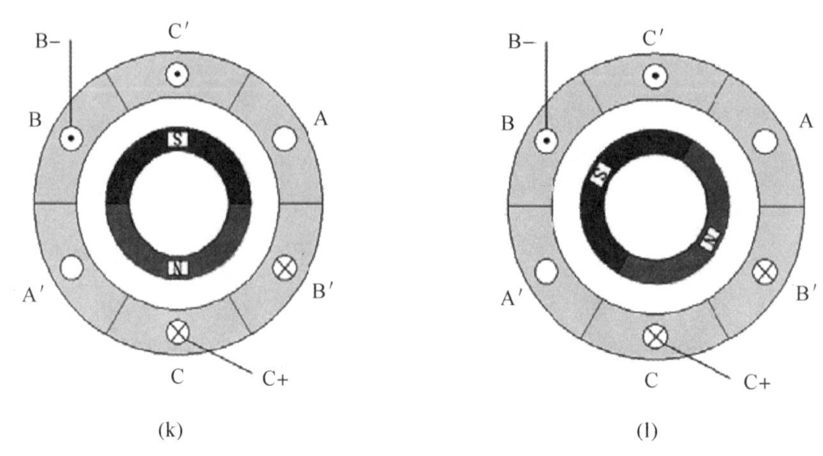

续图 2-14　转子位置与换相的关系

(k) CB 相通电；(l) 转过 60°

2.2.3　无刷直流电机转子位置检测方法

无刷直流电机转子位置检测装置的作用是检测转子在旋转过程中的实时位置，将转子磁钢的位置信号转换成电信号，为逻辑开关电路提供正确的换相信息，以控制它们的导通和截止，使电动机电枢绕组中的电流随着转子位置的变化按次序换相。

1.无刷直流电机转子位置传感器

无刷直流电机转子位置传感器是检测电动机转子位置的传感器，其功用是为换相线路及时准确地提供转子位置，而转子位置是电动机进行换相的重要依据。实际使用中，转子位置传感器的种类很多，常用的有磁敏式、光电式和电磁感应式等。现在大量应用的是基于霍尔效应原理的磁敏式开关元件，其次是基于光电效应的发光二极管和光敏晶体管的光电转换开关元件。另外电磁感应式传感器现在用得不多。在这里只介绍和讨论磁敏式和光电式两种位置传感器。

(1)磁敏式位置传感器。磁敏式位置传感器是指某些电参数按一定规律随周围磁场变化的半导体敏感元件，其基本原理为霍尔效应和磁阻效应。目前常规的磁敏传感器有霍尔元件或霍尔集成电路、磁敏电阻器及磁敏二极管、磁敏晶体管等。它们具有不同的特性，各种磁敏传感器的特性如图 2-15 所示。

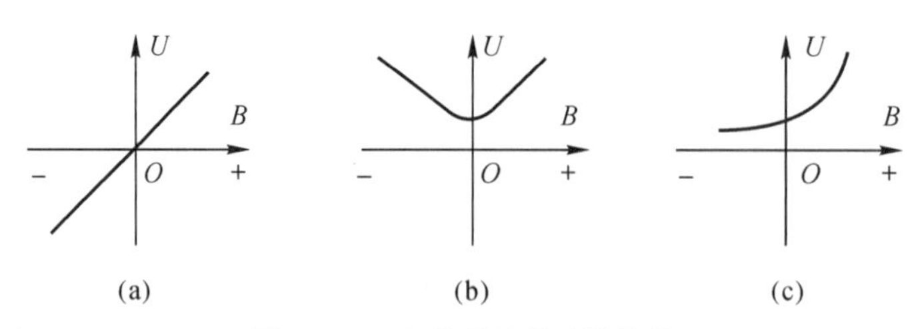

图 2-15　各种磁敏传感器特性

(a)霍尔元件；(b)磁敏电阻器；(c)磁敏二极管

磁敏传感器的主要工作原理是电流的磁效应，它主要包括霍尔效应和磁阻效应。

1)霍尔效应与霍尔集成电路。磁场会对位于其中带电导体内运动的电荷施加一个垂直于其运动方向的力，该力称为洛伦兹力，其大小与质点电荷量、磁感应强度及质点的运动速度成正比。洛伦兹力会使正负电荷分别积聚到导体的两侧，这在薄而平的导体中尤为明显。电荷在导体两侧的积累会平衡磁场的影响，在导体两侧建立稳定的电势差，产生新的电场，称为霍尔电场。

随着半导体横向方向边缘上的电荷积累不断增加，霍尔电场力也不断增大，它逐渐抵消了洛伦兹力，使电子不再发生偏转，从而使电流方向又回到平行于半导体侧面方向，达到新的稳定状态。霍尔电场在元件两侧间显示出电压，称为霍尔电压。产生霍尔电压的过程就叫作霍尔效应，它定义了磁场和感应电压之间的关系，如图 2-16 所示，由美国物理学家霍尔在 1879 年发现。

利用霍尔效应产生电压输出的元件称为霍尔元件。两个输出端输出霍尔电压，两个控制端输入控制电流。实用的霍尔元件厚度很薄，均在几微米以下。从霍尔元件的结构来看，它的制作和半导体器件相近。目前由硅材料制作的霍尔元件制造方便，适于大批量生产，价格低，性能虽稍差，但应用广泛。由砷化镓制作的霍尔元件性能最好，但价格高，应用受到了限制。

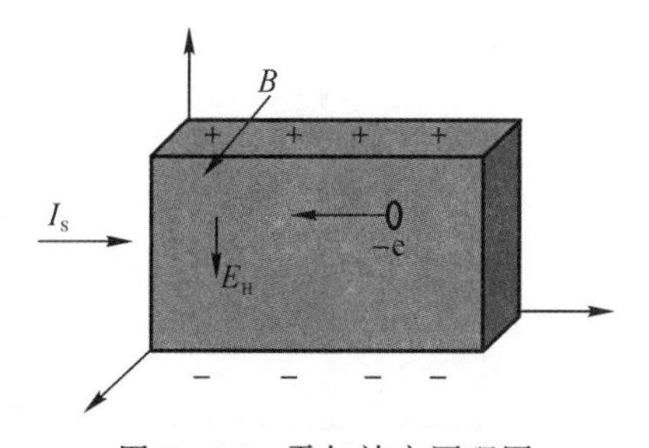

图 2-16　霍尔效应原理图

当霍尔元件在磁场中发生位置变化时，霍尔电动势的大小和方向也相应发生变化，这样就起到了反映传感器位置的作用。由于霍尔元件所产生的电动势不够大，在实际应用时往往要外接放大器，很不方便。随着半导体集成技术的发展，霍尔元件与霍尔电子电路集成在同一块芯片上，这就构成了霍尔集成电路。如图 2-17 所示为典型的霍尔集成电路。

图 2-17(a)所示为其外形，与一般小型片式晶体管相类似，应用起来非常方便，其内部电路如图 2-18 所示，它通过简单开环放大器来驱动输出级。霍尔集成电路按功能分为线性型和开关型两种，其特性曲线如图 2-19 所示。选择何种形式的霍尔集成电路须根据具体用途而定。一般而言，无刷直流电动机的位置传感器宜选用开关型霍尔集成电路，其特性曲线如图 2-19(b)所示。

霍尔效应在应用技术中特别重要。根据霍尔效应做成的霍尔器件，就是以磁场为工作媒体，将物体的运动参量转变为数字电压的形式输出，使之具备传感和开关的功能。

2)磁阻效应与磁敏电阻。磁阻效应是指元件的电阻值随磁感应强度的变化而变化的现象。根据磁阻效应制成的传感器叫磁敏电阻，它可以制成任意形状的两端子元件，也可以做成多端子元件，这有利于电路设计。另外应当注意，霍尔元件输出电压的极性随磁场方向的变化而变化，磁敏电阻器的阻值变化仅与磁场的绝对值有关，与磁场方向无关。

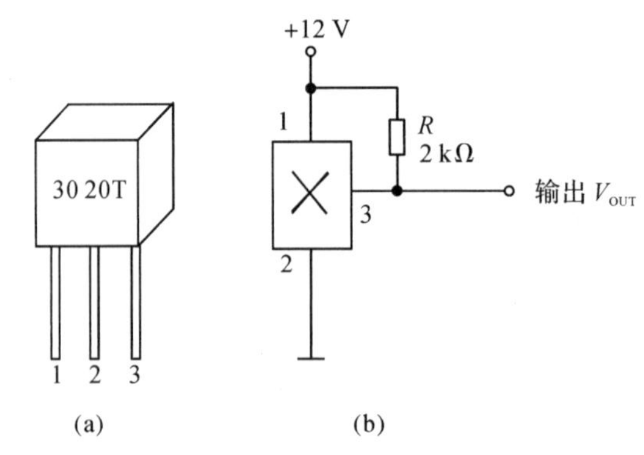

图 2-17 霍尔集成电路外形及典型应用电路

(a)外形;(b)典型应用电路

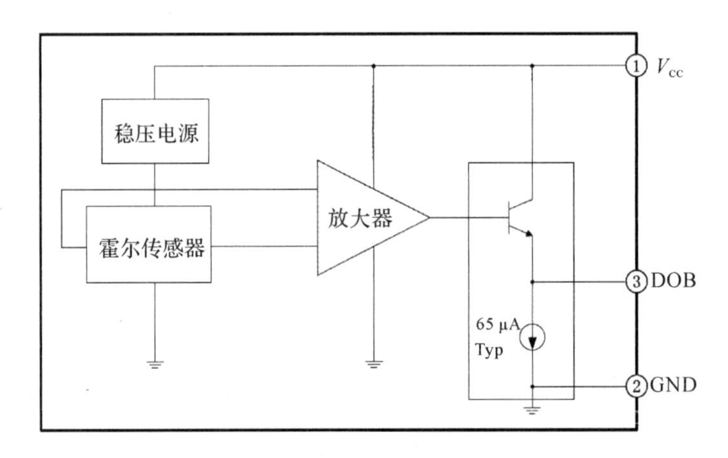

图 2-18 霍尔集成电路内部电路

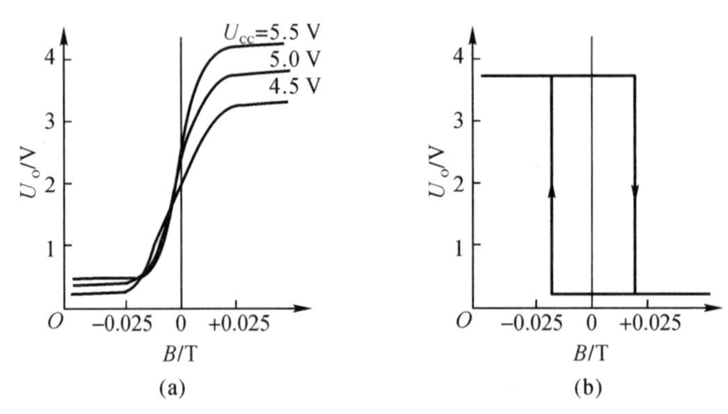

图 2-19 霍尔集成电路特性曲线

(a)线性型;(b)开关型

磁敏式位置传感器是由定子和转子两部分构成。以霍尔元件为例,定子由一组霍尔元件及导磁体组成,多数 BLDCM 在其定子中嵌入三个开关型霍尔传感器(见图 2-20)。

(2)光电式位置传感器。光电式位置传感器是基于光电效应制成的,由跟随电动机转子一起旋转的遮光板和固定不动的光源(发光二极管 LED)及光电管(光敏晶体管)等部件所组成,如图 2-21 所示。发光二极管作为光源,固定在一块不动的板子上,光敏晶体管作为接收方。遮光板开有 120°左右电角度的缝隙,且缝隙的数目等于无刷直流电机转子磁极的极对数。当缝隙对着光电管时,光源射到光电管上,产生“亮电流”输出。

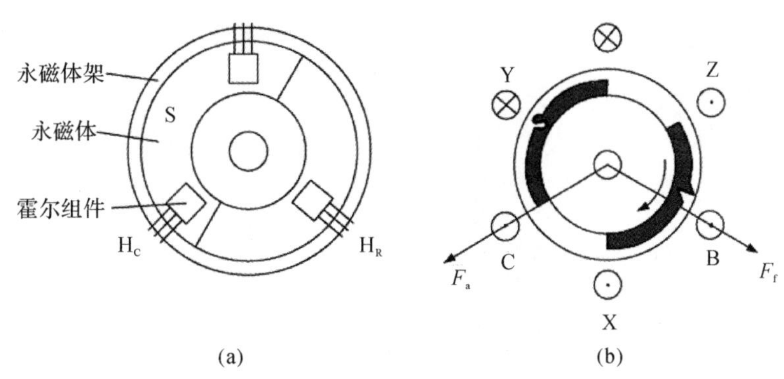

图 2-20　霍尔传感器安装示意图

(a)霍尔传感器安装示意图;(b)二极三相绕组示意图

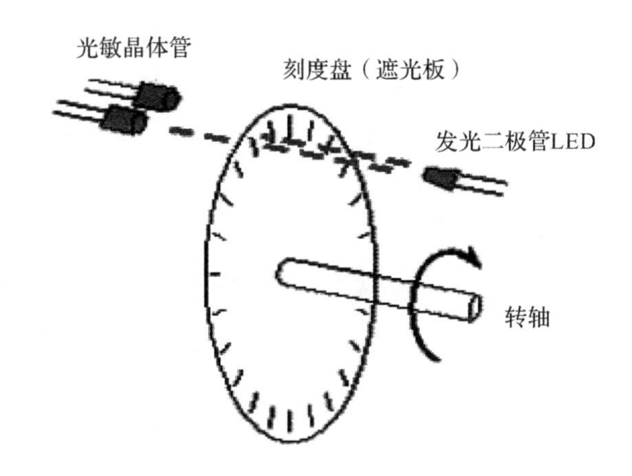

图 2-21　光电式位置传感器工作原理

光电传感器按原料的不同可分为天然橡胶型、塑料型、胶木型和铸铁型,按样式的不同可分为圆轮缘型、内波纹型、平面面、表盘型等,按工作原理的不同可分为光学型、磁型、感应型和电容型,按刻度方法和信号输出形式的不同可分为增量型、绝对型和混合型。

光电传感器主要由光栅盘和光电检测装置构成,在伺服系统中,光栅盘与电动机同轴致使电动机的旋转带动光栅盘的旋转,再经光电检测装置输出若干个脉冲信号,根据该信号的每秒脉冲数便可计算当前电动机的转速。

光电传感器的码盘输出两个相位差相差 90°的光码,根据双通道输出光码的状态的改变便可判断出电动机的旋转方向。

1)增量式光电传感器。增量式光电传感器主要由光源、码盘、检测光栅、光电检测器件和转换电路组成,如图 2-22 所示。码盘上刻有 A、B 两组与码盘相对应的透光缝隙,用以通过或阻挡光源和光电检测器件之间的光线。它们的节距和码盘的节距相等,并且两组透光缝隙错开 1/4 节距,使得光电检测器件输出的信号在相位上相差 90°电角度。当码盘随着被测转轴转动时，检测光栅不动，光线透过码盘和检测光栅上的透光缝隙照射到光电检测器件上面，光电检测器件就输出两组相位相差 90°电角度的近似于正弦波的电信号。电信号经过转换电路的信号处理，可以得到被测轴的转角或速度信息。增量式光电传感器的输出信号波形如图 2-23所示。

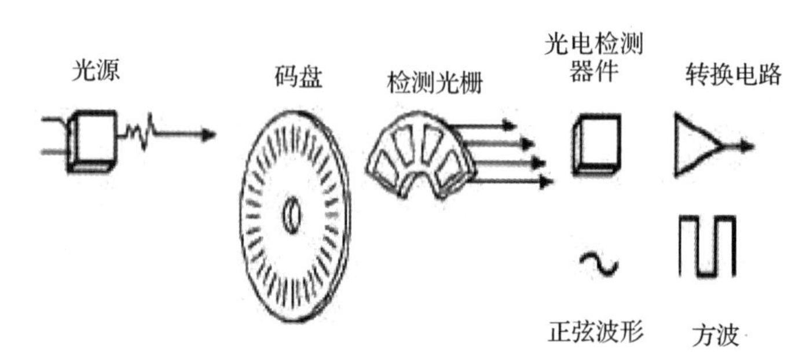

图 2-22　增量式光电传感器的组成

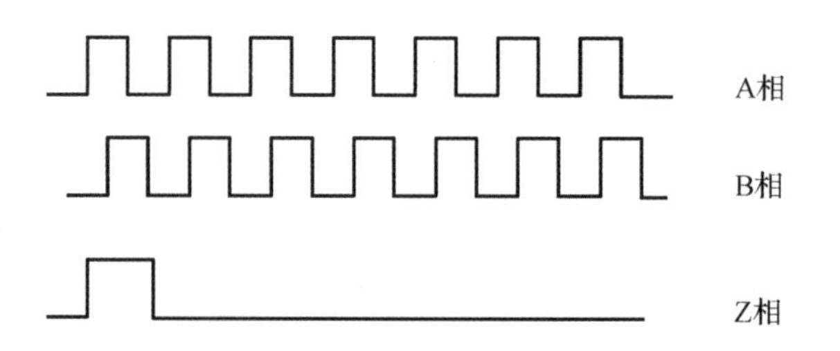

图 2-23　增量式光电传感器的输出信号波形

增量式光电传感器的优点是原理构造简单，易于实现；机械平均寿命长，可达到几万小时；分辨率高，抗干扰能力较强，信号传输距离较长，可靠性较高。缺点是它无法直接读出转动轴的绝对位置信息。

2)绝对式光电传感器。使用增量式光电传感器有可能由于外界的干扰产生计数错误，并且在停电或故障停转后无法找到事故前执行部件的正确位置。采用绝对式光电传感器可以避免上述缺点。绝对式光电传感器的基本原理及组成部件与增量式光电传感器基本相同，也是由光源、码盘、检测光栅、光电检测器件和转换电路组成。与增量式光电传感器不同的是，绝对式光电传感器用不同的数码来分别指示每个不同的增量位置，它是一种直接输出数字量的传感器。在绝对式光电传感器的码盘上存在有若干同心码道，每条码道由透光和不透光的扇形区间交叉构成，相邻码道的扇区数目是双倍关系。码盘上的码道数就是其所在码盘的二进制数码位数，码盘的两侧分别是光源和光敏元件，码盘位置的不同会导致光敏元件受光情况不同进而输出二进制数不同，因此可通过输出二进制数来判断码盘位置。

这种传感器的特点是不要计数器，就可以在转轴的任意位置读出一个固定的与位置相对应的数字码。显然，码道越多，分辨率就越高。对于一个具有 N 位二进制分辨率的传感器，其码盘必须有 N 条码道。绝对式光电传感器原理如图 2-24 所示。

绝对式光电传感器是利用自然二进制、循环二进制(格雷码)、二-十进制(BCD 码)等方式进行光电转换的。绝对式光电传感器与增量式光电传感器的不同之处在于圆盘上存在透光、不透光的线条图形。绝对式光电传感器可有若干编码，根据码盘上的编码，检测绝对位置。

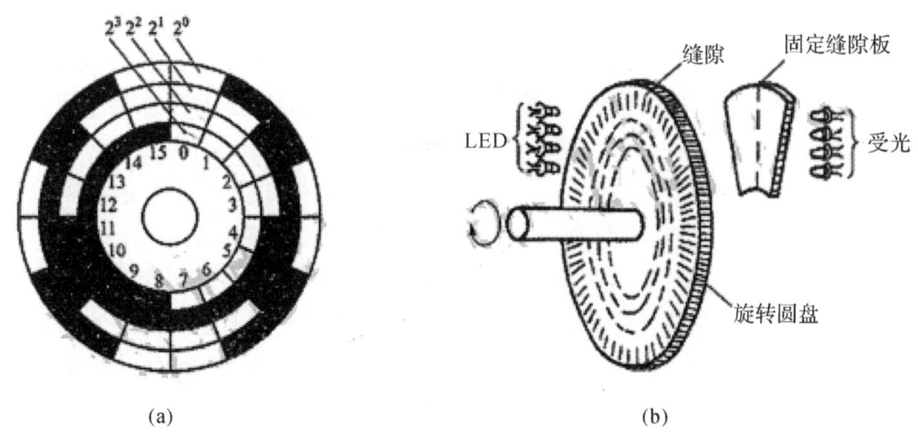

图 2-24　绝对式光电传感器原理

(a)绝对式光电传感器的码盘构造；(b)绝对式光电传感器结构示意图

绝对式光电传感器的特点是，可以直接读出角度坐标的绝对值；没有累积误差；电源切断后位置信息不会丢失；传感器的精度取决于位数；最高运转速度比增量式光电传感器高。

3)混合式绝对值光电传感器。混合式绝对值光电传感器的主要工作原理同样为光电转换，其与增量式、绝对式光电传感器的不同在于输出量不同。混合式绝对值光电传感器输出的信息有两组，一组输出信息为 A、B、Z 三组方波脉冲，与增量式光电传感器的输出完全不同，另一组输出信息具有绝对信息功能，主要用于磁极位置的检测。

2.无位置传感器的转子位置检测技术

传统的无刷直流电动机位置检测方法是通过位置传感器来直接检测电机转子的位置，即直接位置检测法。无位置传感器检测技术主要是通过对电机内部容易获取的电压或电流等信号经过一定的算法处理得到转子位置信号，也称为转子位置间接检测法。此概念始于 1966 年德国 Mieslinger 提出的电容移相换流位置估计法。无位置传感器检测方式下的无刷直流电动机具有可靠性高、抗干扰能力强等优点，同时在一定程度上克服了位置传感器安装不准确引起的换相转矩波动。

(1)反电动势法。在各种无位置传感器控制方法中，反电动势法是目前技术最成熟、应用最广泛的一种位置间接检测方法，其原理是利用电动机旋转时各相绕组内的反电动势信号来控制换相。常用的反电动势检测主要有三种方法：端电压法(反电动势过零点检测法)、积分法和续流二极管法。

在无刷直流电动机中，受定子绕组产生的合成磁场的作用，转子沿着一定的方向连续转动。电动机定子上安装有绕组，因此转子一旦旋转，就会在空间形成导体切割磁力线的情况。根据电磁感应定律可知，导体切割磁力线会在导体中产生感应电动势，所以在转子旋转的时候就会在定子绕组中产生感应电动势，即运动电势，一般称为反电动势或反电势。

1)端电压法(反电动势过零点检测法)。端电压法也称为反电动势过零点检测法，是将检测获得的反电动势过零点信号延迟 30°电角度，得到 6 个离散的转子位置信号，为逻辑开关电路提供正确的换相信息，进而实现无刷直流电机的无位置传感器控制。

A.端电压法的基本原理。端电压检测法通过检测非导通相绕组的端电压，经软件计算或利用硬件电路获得反电动势过零点，从而控制无刷直流电动机正确换相。对于稀土永磁无刷直流电动机，其气隙磁场波形可以为方波，也可以是梯形波或正弦波，与永磁体形状、电机磁路结构和磁钢充磁等有关。由此可以把无刷直流电动机分为方波电机和正弦波电机。对于径向充磁结构，稀土永磁体直接面对均匀气隙。由于稀土永磁体的取向性好，所以可以方便地获得具有较好方波形状的气隙磁场。对于方波气隙磁场的电机，当定子绕组采用集中整距绕组，即每极每相槽数 $q=1$ 时，方波磁场在定子绕组中感应的电动势为梯形波。

对于两相导通星形连接、三相六状态控制的无刷直流电动机，方波气隙磁密在空间的宽度应大于120°电角度，在定子绕组中感应的梯形反电动势的平顶宽度也应大于120°电角度。方波无刷直流电动机一般采用方波电流驱动，即与120°导通型的逆变器相匹配，由逆变器向方波电动机提供三相对称的、宽度为120°电角度的方波电流。方波电流应与反电动势相位一致或位于梯形波反电动势的平顶宽度范围内。

当某相绕组反电动势过零时，转子直轴与该相绕组轴线恰好重合。因此只要检测到各相绕组反电动势的过零点，就能获知转子的若干关键位置。再根据这些关键的转子位置信号进行相应处理后控制电动机进行换相，实现连续运转，这就是反电动势法无位置传感器控制的基本原理。

无刷直流电动机绕组反电动势的过零点严格反映了转子磁极位置。因此，只要能准确检测到绕组反电动势的过零点信号，就可以判断出转子的关键位置。经过30°电角度延时处理后，就可以作为绕组的换相时刻。再根据功率管的导通顺序触发相应的功率管，就能够实现无刷直流电动机的换相操作，保证电动机按固定的方向连续旋转。在实际应用中，反电动势往往不能直接检测得到，而要通过检测三相相电压，再根据不导通相绕组反电动势过零点的条件计算出不导通相的反电动势。

如图2-25所示，当AB相导通时，A相为高电位，B相为低电位，电流从A相线圈流入，B相线圈流出。在C相线圈中产生感应电动势，由于磁场的变换，C相线圈的电动势由正变负。

当AC相导通时，A相为高电位，C相为低电位，电流从A相线圈流入，C相线圈流出。在B相线圈中产生感应电动势，由于磁场的变换，B相线圈的电动势由负变正。

当BC相导通时，B相为高电位，C相为低电位，电流从B相线圈流入，C相线圈流出。在A相线圈中产生感应电动势，由于磁场的变换，A相线圈的电动势由正变负。

当BA相导通时，B相为高电位，A相为低电位，电流从B相线圈流入，A相线圈流出。在C相线圈中产生感应电动势，由于磁场的变换，C相线圈的电动势由负变正。

当CA相导通时，C相为高电位，A相为低电位，电流从C相线圈流入，A相线圈流出。在B相线圈中产生感应电动势，由于磁场的变换，B相线圈的电动势由正变负。

当CB相导通时，C相为高电位，B相为低电位，电流从C相线圈流入，B相线圈流出。在A相线圈中产生感应电动势，由于磁场的变换，A相线圈的电动势由负变正。

B.端电压法的缺点。端电压法(反电动势过零点检测法)是以电动机中性点电压为基准进行反电动势过零检测的，属于间接反电动势检测方法，该方法将端电压作分压滤波处理，导致获得的位置信号比真正的反电动势过零点延迟了一定的电角度,并且延迟角随频率的不同而不同。这就要求通过实验测量出不同运行频率下的换相延迟角,用于补偿相位的偏移,而且延迟角一旦大于 30°时很可能会因为换相不准确而导致电动机失步;另外,当电动机在静止或低速时,反电动势信号为零或者很小,难以得到有效的转子位置信号;再者,这种方法的基本原理是建立在忽略电枢反应影响的前提下的,在原理上就存在一定的误差,尤其是对于大功率无刷直流电动机,电枢反应对气隙合成磁场的影响更明显,使得反电动势过零点与总的感应电动势过零点不重合,误差更大,导致检测出的转子位置误差增大。

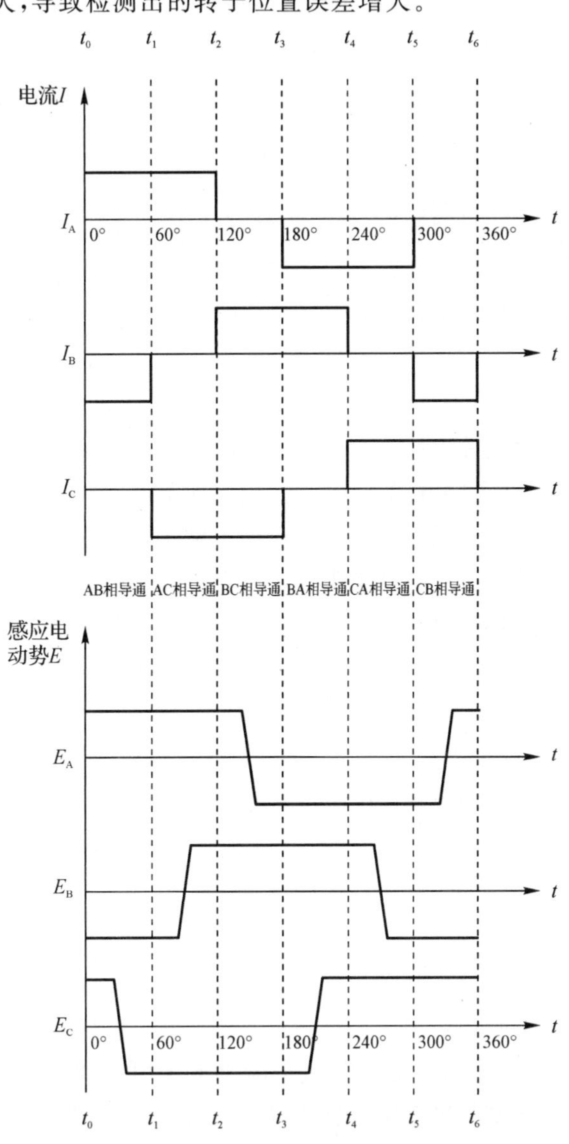

图 2 - 25　六种通电情形下各绕组的电流和感应电动势

C.改进的端电压法。针对以上缺点,人们提出了以下改进方法。

a.利用神经网络的非线性任意逼近特性,采用基于神经元网络的电机相位补偿控制方法加以改进。其办法是首先由硬件电路获得有效的反电动势信息,再利用 BP 神经网络进行正确相位补偿,实现无刷直流电动机的无位置传感器控制,这种方法获得了较好的效果。

b.将神经元网络方法对永磁无刷直流电动机的反电动势波形准确预测的结果进一步用于电动机动、静态特性的仿真或预测,这将比假设电动机反电动势波形为理想正弦波或梯形波所进行的仿真更接近电机的实际运行结果。较之传统的电路和电场的计算方法,达到了快速性和准确性的统一,当自学习神经网络成功训练后,就可用以预测所研究的永磁无刷直流电动机的反电动势波形。

2)反电势积分法。反电势积分法属于反电动势法的范畴,它是通过非导通相的反电动势积分获得转子位置信息的方法。这种检测方法是将悬空相的反电动势的积分量与门限值进行比较,当反电势积分量达到门限值时,即为该相绕组的换相时刻。其原理是反电势积分自开路相的反电动势过零开始,设置一个阈值对应于换相时刻用来截至积分信号,当积分达到一定阈值大小时认为换相时刻到来。反电势积分法存在积分累计误差与阈值设置问题,在电机低速运行时误差较大。

3)续流二极管法(第三相导通法)。续流二极管法也称为第三相导通法,同样属于反电动势法的范畴,它是通过检测并联于逆变器 6 个续流二极管中不导通相绕组的续流二极管的开关状态,间接检测电动机反电动势过零点,控制逆变器开关管的开关状态。这种方法实际上是反电动势过零点的间接检测,实质上还是反电动势法。较之反电动势法中的端电压法,续流二极管法改善了无刷直流电动机的低速性能,获得了更宽的调速范围(45~2 300 r/min),该方法要使用 6 条检测电路,使硬件更加复杂,而且该方法要使逆变器中的开关管在 120°的导通期间,以前半段调制、后半段开通的方式工作,使控制更加困难。

(2)三次谐波检测法。对于反电动势为梯形的方波电机,它的反电动势除了基波外,还有丰富的高次谐波分量,可以通过反电动势中的三次谐波来检测转子的位置。该方法只适用于星形连接的方波电机。通过对电枢三相相电压的简单叠加,反电动势的基波分量和其他高次谐波分量由于相位互差 120°相互抵消,只有三次谐波及其奇数倍谐波由于同相叠加可以从中提取反电动势的三次谐波分量,用以检测转子的位置。这个信号的提取需要利用电机的中性线,以便三次谐波信号形成回路。将反映三次谐波相位信息的方波输入数字信号处理器(DSP)的 I/O 口,利用数字信号处理器强大的数据处理功能,用软件实现数字锁相功能和对换相时刻的准确估计。实验表明该方法能够准确快速地估计转子位置,动、静态特性很好,但是当电机的转速低于某个值时,检测到的三次谐波严重畸变,不能准确估计转子的位置,所以在低速时需要额外的启动程序。

(3)磁链法。磁链法是指穿过线圈各匝的磁通量之和,当穿过某一线圈各匝的磁通量不相等时(如穿过线圈第一匝的磁通量和第二匝的磁通量可能不同),那么磁通量就是匝数的函数,此时磁链等于穿过线圈各匝的磁通量的积分,从首匝积分到末匝。当穿过某一线圈各匝的磁通量相等时,则该线圈的磁链就等于磁通量乘以匝数,磁链单位是韦伯(Wb)。转子位置的磁链控制方法不同于反电动势法,它是通过估计磁链以获得转子的位置信息。依据电动机的电压方程,有

$$\boldsymbol{U}=\boldsymbol{RI}+\frac{\mathrm{d}\boldsymbol{\psi}}{\mathrm{d}t} \tag{2-1}$$

式中:$\boldsymbol{U}$ 为相电压矩阵;$\boldsymbol{I}$ 为相电流矩阵;$\boldsymbol{R}$ 为电阻矩阵;$\boldsymbol{\psi}$ 为磁链矩阵。

由测量的电压、电流获得电动机磁链：

$$\boldsymbol{\psi}=\int_0^t(\boldsymbol{U}-\boldsymbol{RI})\mathrm{d}t \tag{2-2}$$

若转子初始位置、电机参数、磁链与转子位置关系已知，则可由式(2-2)估计得到的电动机磁链判断出转子位置。该函数在每个周期内对应 6 个峰值。通过检测峰值来获得转子的换相信号，可保证电动机在 470～35 000 r/min 的范围内有效运行。图 2-26 所示为磁链法示意图。

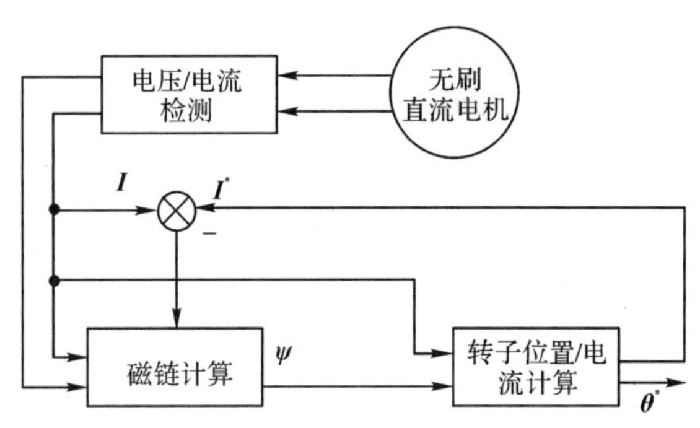

图 2-26　磁链法示意图

采用磁链法控制电动机时，应首先确定转子启动初始位置，以获得积分过程所必需的磁链初始信息。磁链法计算量较大，在低速运行时会产生累计误差且易受电动机参数变化影响。

(4)电感检测法。反电动势法和磁链法都是依靠转子磁场的运动判断转子位置，但当转子静止时，这两种方法都无法获得转子位置信息，不能实现电动机的自启动。针对该问题，可以采用电感法来确定静止时转子位置。电感是指线圈通过变化的电流时在线圈自身引起感应电动势的现象。电感起作用的原因是它在通过非稳恒电流时产生变化的磁场，而这个磁场又会反过来影响电流，所以任何一个线圈只要它通过非稳恒电流，就会产生变化的磁场，而磁场又会反过来影响电流，所以任何线圈都会有自感现象产生。

电感法的基本原理是，首先在绕组中施加方波电压脉冲并检测其产生的电流幅值，然后比较电流幅值得知电感差异，最后根据电感与转子位置之间的关系进而判断转子位置。在不同的电感下，电流响应会存在差异，电感比较大，电流响应速度就比较快。因此根据这种对应关系，在恰当的时间间隔内对正反方向的相电流进行检测，就可得知电感差异，最后根据电感与转子位置之间的关系即可获得转子位置信息。电感法对于电动机静止时转子初始位置检测效果较好，但由于无刷直流电动机转子位置不同时的电感差异较小，因此该方法依赖于高精度的电流检测技术。

电感检测方法的调速范围很广，可以达到 500～7 500 r/min，所以该方法可以克服反电动势法的低速性能，但是这种方法需要对绕组电感进行检测，难度因此而增大。

(5)卡尔曼(Kalman)法。无刷直流电动机的换相和控制都需要准确的转子位置信息，反电动势法存在不少问题，如控制精度不高、低速运行问题等。卡尔曼法是通过端电压检测，在得到反电势的基础上，用卡尔曼算法在线实时递推出转子位置，从而确定定子绕组的换相时刻。卡尔曼法通常利用数字信号处理芯片构建硬件及设计相应的控制软件来检测转子位置，例如采用无刷直流电动机卡尔曼递推公式和美国德州仪器公司生产的 IMS320F240 数字信号处理芯片为核心的设计，可以在线实时估计出转子的位置及速度，取得令人满意的效果。这种方法的缺点是在无刷直流电动机上要自带3个霍尔传感器，霍尔传感器是根据霍尔效应制作的一种磁场传感器，这种方案使硬件电路比较复杂。

改进的办法是采用美国模拟器件公司生产的ADSP330数字信号处理芯片构建软硬件，以实现扩展卡尔曼滤波无刷直流电动机无位置传感器的控制。这种方案最大的特点是利用软件的复杂性而使得硬件十分简单，只要4个电阻分压网络即可，利用数字信号处理器(DSP)的快速计算能力实现了卡尔曼滤波的算法，保证了位置检测的快速和准确性，使系统的可靠性和运行能力大大提高。

(6)状态观测器法。现代出现的无刷直流电动机转子位置检测方法都需要结合现代控制技术，而现代控制技术需要知道全部的状态变量，然而实际情况中有些状态变量不易或无法检测，状态观测器正是为解决这个问题而出现的。状态观测器法即转子位置计算法，其原理是将电动机的相电压、电流作为坐标变换，通过易于检测的输入输出变量来估计系统的其他状态变量，在状态方程的基础上计算出转子的位置。

实际上，无刷直流电动机的无位置传感器控制问题和状态观测器问题相类似，也是通过电流、电压等电机变量来求解电机转子位置，因此可以设想通过设计状态观测器来观测转子位置，从而实现无位置传感器控制。因此，可以说具有随机干扰的动态系统的状态观测的目的就是要在适当定义的统计意义上实现估计误差最小的最优估计。这种方法一般只适用于感应电动势为正弦波的无刷直流电动机，且计算工作繁琐，对计算机性能要求较高。

2.2.4 无感无刷直流电机的换相与调速

1.无感无刷直流电机的换相策略

当电路检测到了C相的过零点，还要等转子转过30°电角度才可以换相。一种比较简单的做法是近似认为转子转速在0°～60°的小范围区间内基本是恒定的。从AB相开始通电到检测出C相过零的前半段时间，基本等于后半段的时间。所以只要记录下前半段的时间间隔T_1，等过零事件出现后再等待相同的时间，就可以换相了。

另一种比较暴力的做法是检测到过零事件后，也不再等转子再转30°了，立马就换相。下面来分析一下这种换相方式的工作过程。

图2-27(a)所示为AB相刚开始通电时的情况。转过30°后，到达图2-27(b)的位置时，检测到C相过零，如果此时立刻换相为AC导通，将成为图2-27(c)的状态。这时，CC′线圈还处于NS极的交界处，此时穿过CC′的磁感应强度为零，CC′上将不产生电磁力。也就是说此时只有线圈AA′在出力，CC′处于出工不出力的状态。不过这个情况只是瞬时的，只要转子稍微向前再转一点，穿过C′和C的磁感应强度就会开始增加，CC′就会开始出力。如果梯形波电机工艺做得比较好，磁感应强度上升和下降直线比较陡峭的话，穿过CC′的磁感应强度将很快达到最大值，期间损失的效率很小。当转子继续转过30°到达图2-27(d)的位置时，一切都正常。当转子再转过30°到达图2-27(e)的位置时，会检测到B相的过零事件，此时如果立刻换相成BC相通电，将成为图2-27(f)的状态，刚导通的BB′线圈同样会处于出工不出力、效率很低，要再过一会儿才能进入最佳工作状态。

综上所述，暴力换相的方法可以实现电机正常运转，只不过损失一点效率。除了首次换相是间隔30°外，以后的每次的换相间隔都是60°，转子旋转一周也是换6次相。

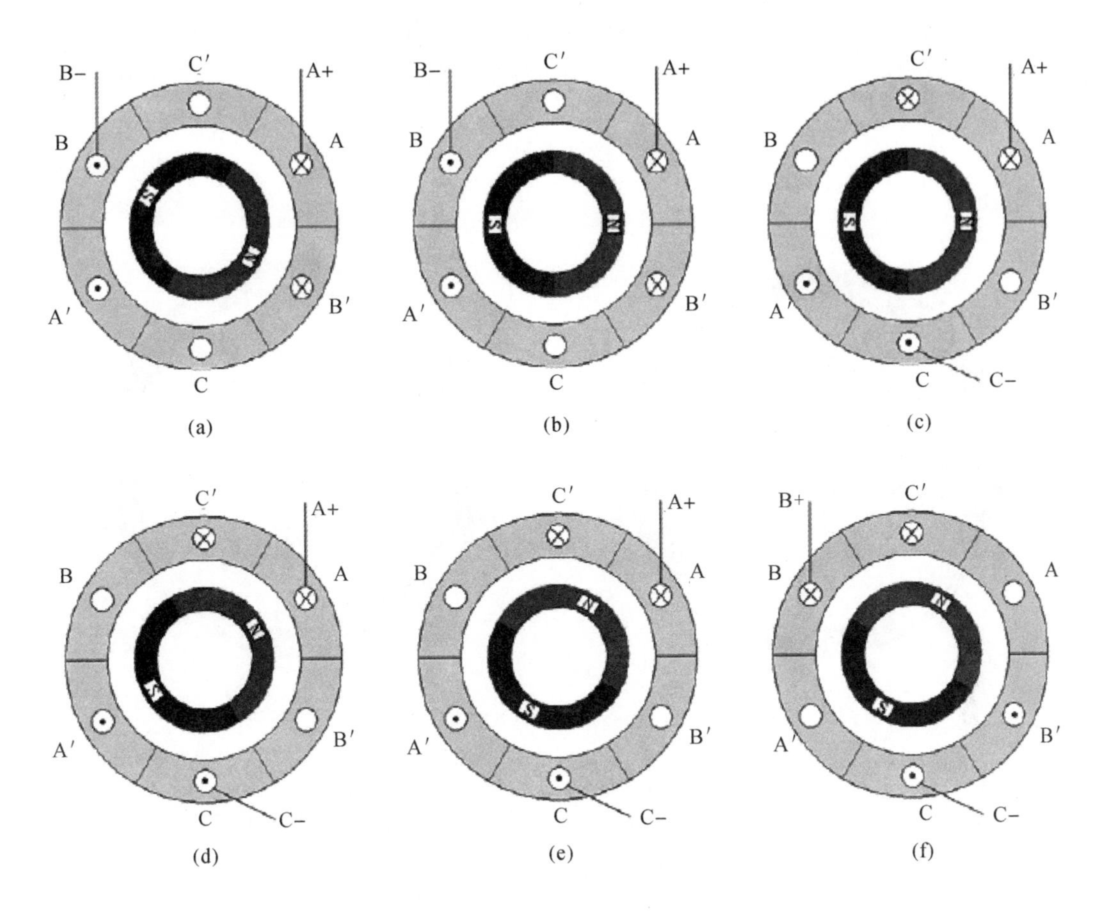

图 2－27　暴力换相分析

(a)AB 相开始通电;(b)转过 30°;(c)AC 相通电;

(d)继续转过 30°;(e)再转过 30°;(f)BC 相通电

2.无感无刷直流电机的换相分析

现在以新西达 2212 电机为例来解释无刷直流电机的换相工作原理。图 2－28(a)显示了新西达 2212 电机 AB 相通电时的情形,在图中可以看出,A1－2 绕组边和 A2－1 绕组边都处于磁极 S2 极下。现假设转子逆时针转过了一个角度,使得 A1－2 和 A2－1 都处于磁极 S3 之下〔见图 2－28(b)〕。从物理上讲,每对磁极都是相同的,不同的磁极编号是人为加上去的,所以在定子绕组看来,图 2－28(a)(b)的磁场情况是完全相同的,故而这即是一个完整周期,期间应该完成全部的 6 次换相。

由于新西达 2212 电机共有 7 对磁极,故上述这个完整周期内,转子转过的机械角应为 360°/7＝51.43°,而其中的 6 步换相状态,每步所转过的机械角为 51.43°/6＝8.57°。由于结果中带了小数,对于说明问题很不方便,于是在电工技术中,就产生了电角度(简称“电角”)的概念。虽然每对磁极占圆周空间的机械角为 360°/极对数,但规定其电角度总为 360°。这样在图 2－28 中,从 S2 极转到 S3 极,就等于转过了 360°电角度,每次换相间隔仍为 60°电角度。

新西达 2212 电机是采用三角形绕法(见图 2－29),输出的 A、B、C 三相遵循 AB→AC→BC→BA→CA→CB 的通电方式。在任何一种通电方式中,导线中的电流都是分两路走的。

如图 2－30 所示，当 AB 相通电时，第一路电流按照 A＋→A1－2→A1－1→A2－1→A2－2→B4－2→B4－1→B3－1→B3－2→B－的路径走完；第二路电流按照 A＋→A3－2→A3－1→A4－1→A4－2→C2－2→C2－1→C1－1→C1－2→C3－2→C3－1→C4－1→C4－2→B2－2→B2－1→B1－1→B1－2→B－的路径走完。图中的点和×描述了电流方向，点表示电流流出来，×表示电流流进去。

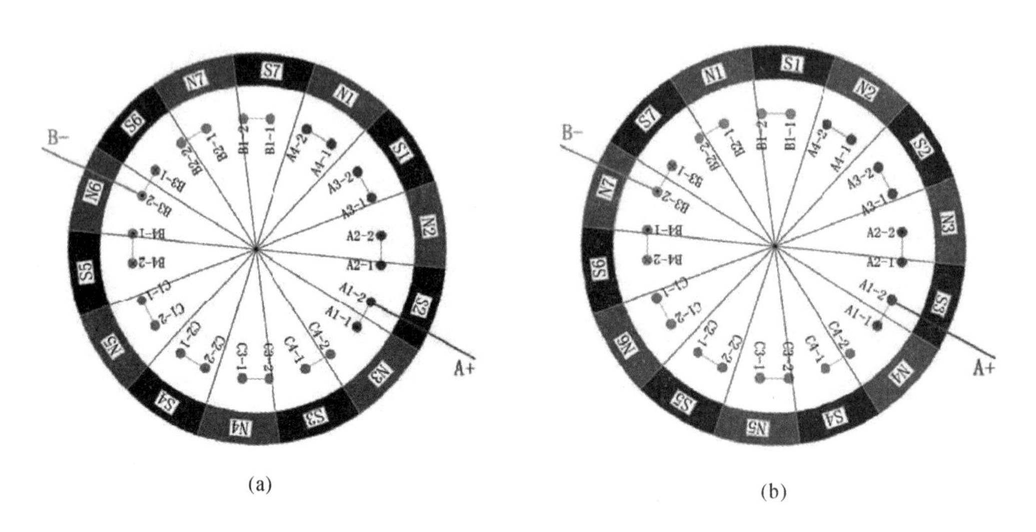

图 2－28　新西达 2212 电机的一个电周期

(a)A1－2、A2－1 绕组边处于 S2 下；(b) A1－2、A2－1 绕组边处于 S3 下

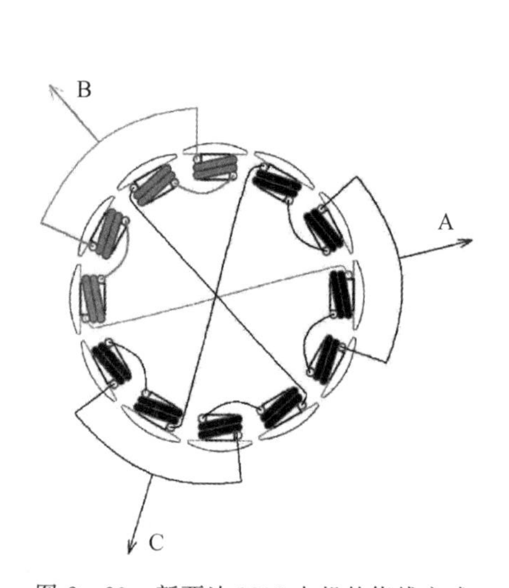

图 2－29　新西达 2212 电机的绕线方式

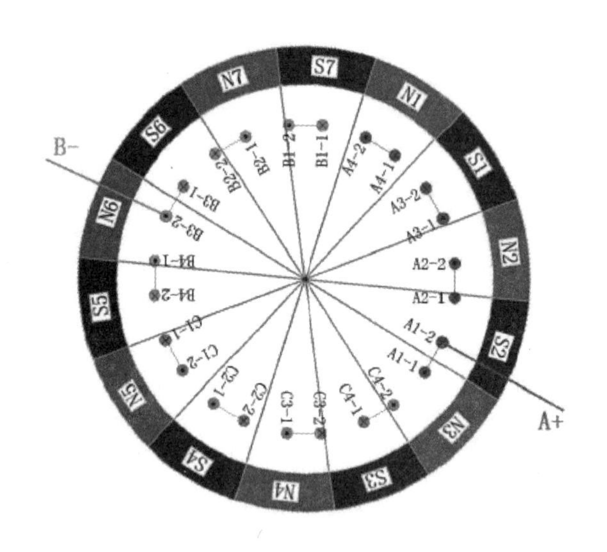

图 2－30　新西达 2212 电机 AB 相刚导通的位置

由左手定则分析可知，第一路电流所经过的绕组边 A1－1、A1－2、A2－1、A2－2、B3－1、B3－2、B4－1、B4－2 都会对转子产生一个逆时针方向的电磁力。且每个绕组边产生的反电动势略小于 12/8＝1.5 (V)。其等效电路图如图 2－31 所示。

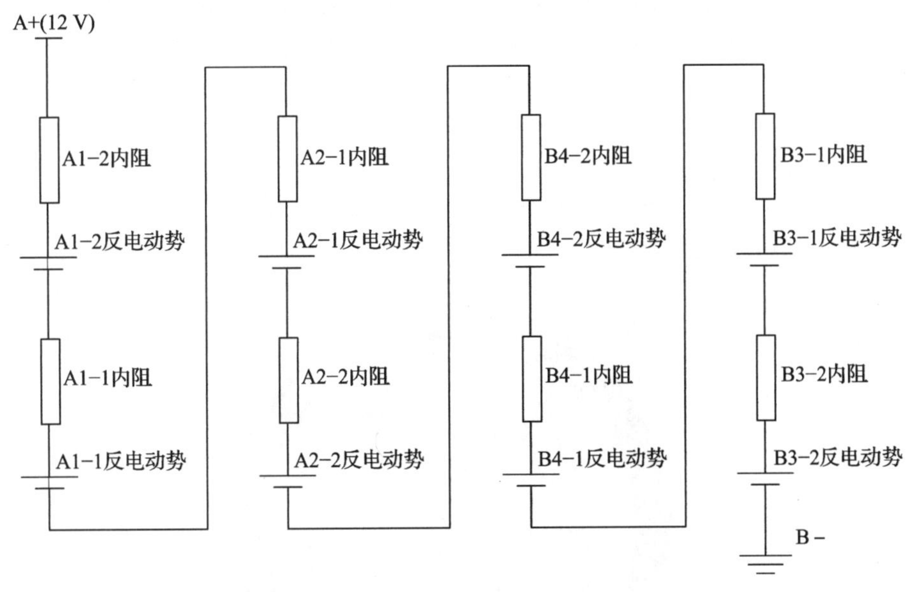

图 2-31　AB 相刚导通第一路电流等效电路

现在对第二路电流路径中的每个绕组边进行分析，这里先预定义面向读者的感应电动势方向为正。结合绕组情况来看，A3-1 和 A3-2 都处于 S1 磁极下，产生的感应电动势方向相同，所以互相抵消。同理，B1-1 和 B1-2 的互相抵消，C1-1 和 C1-2 的互相抵消，C2-1 和 C2-2 的互相抵消，C3-1 和 C3-2 的互相抵消。只有 B2-1、B2-2、C4-1、C4-2 会产生有效的反向感应电动势，其等效电路图如图 2-32 所示。

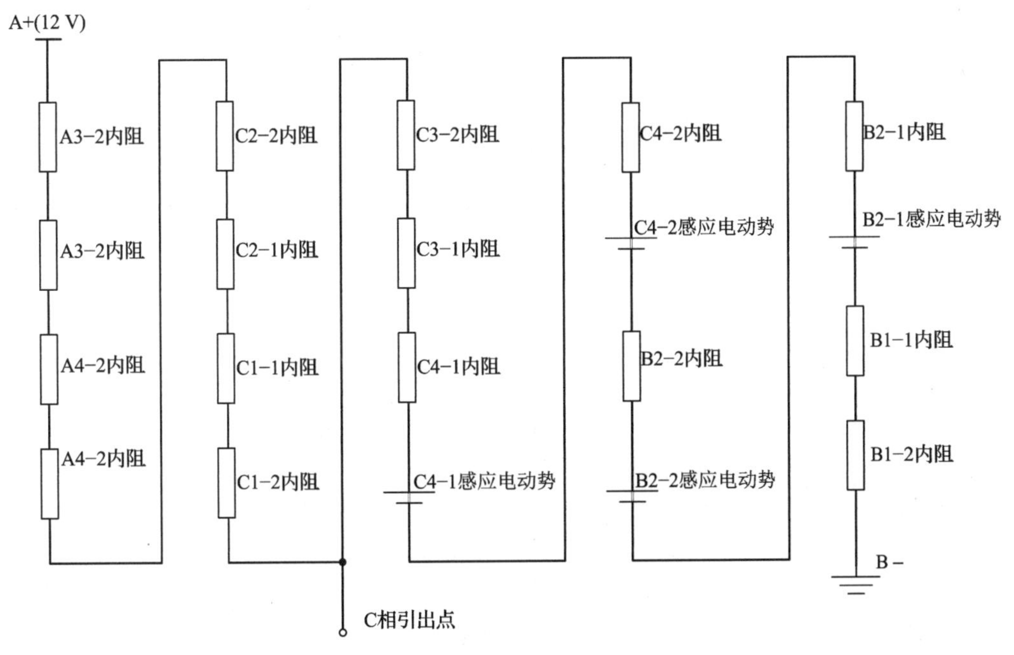

图 2-32　AB 相刚导通第二路电流等效电路

根据前面每个绕组边产生略小于 1.5 V 反电动势的结论，可以算出 C 相引出点在 AB 相刚导通时的电压值约为 8 V 左右，大于绕组中点电压 6 V。用同样的方法再分析 AB 相导通快要结束时的情况。

当 AB 相导通快结束时，从图 2－33 中可以看出，A4－1 和 A4－2 的反电动势相互抵消，B1－1 和 B1－2 的相互抵消，B2－1 和 B2－2 的相互抵消，C2－1 和 C2－2 的相互抵消，C3－1 和 C3－2 的相互抵消，C4－1 和 C4－2 的相互抵消，只有 A3－1、A3－2、C1－1、C1－2 能产生有效的反向感应电动势，其等效电路图如图 2－34 所示。

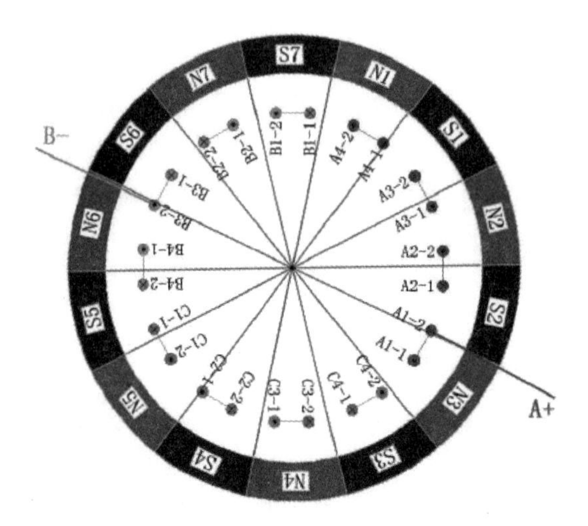

图 2－33　AB 相导通快结束的位置

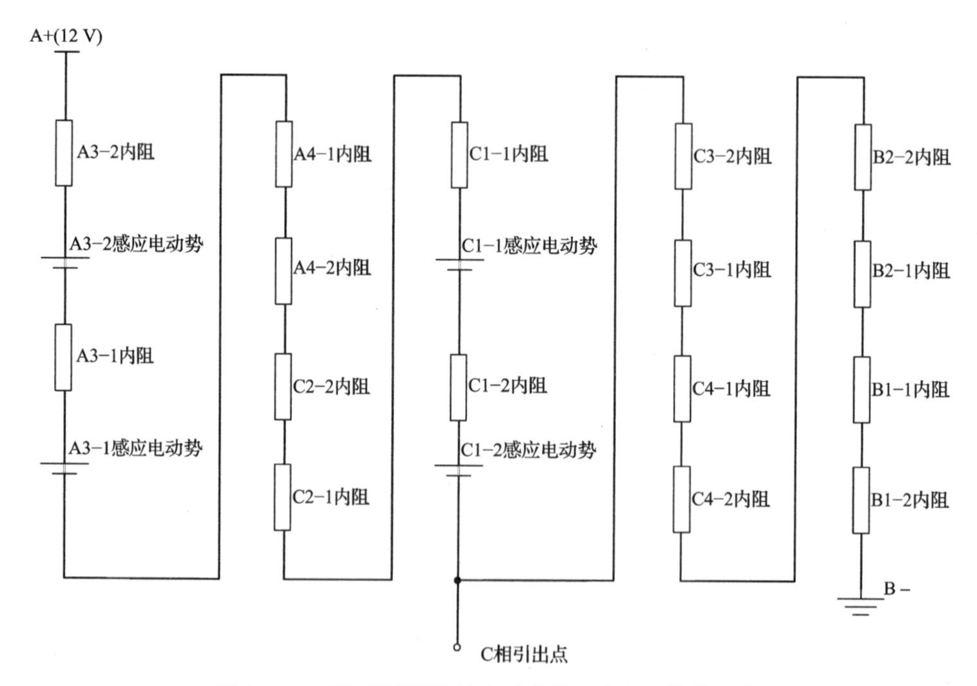

图 2－34　AB 相导通快结束时的第二路电流等效电路

根据这个等效电路图，可以计算出 C 点此时的输出电压约为 4 V，小于绕组中点电压6 V。因此，在 AB 相通电期间，C 相的输出电压穿越了 6 V 的中点，也就是说，在 AB 相通电期间发生了一次过零事件，可以以此作为换相的依据。

3.无感无刷直流电机的调速

无刷直流电机的速度与电压大小有关。电压越高，转得越快；电压越低，转得越慢。通常采用脉宽调制(PWM)方式来控制电机的输入电压。PWM 占空比越高，等效电压就越高；占空比越低，等效电压就越低。

当然，单片机给出的 PWM 波形只是控制信号，而且最高电压也只有 5 V，其能量并不足以驱动无刷直流电机，所以必须要再接一个功率管来驱动电机。功率管可以是 MOSFET(场效应管)，也可以是 IGBT(绝缘栅双极晶体管)。

如图 2－35 所示，$Q_1 \sim Q_6$ 为功率开关器件。磁开关器件在低压电机电路中多采用 MOSFET(金属-氧化层-半导体-场效应晶体管)器件，而在高压电机(大于 100 V)应用中，IGBT(绝缘栅双极晶体管)则应用较为广泛。

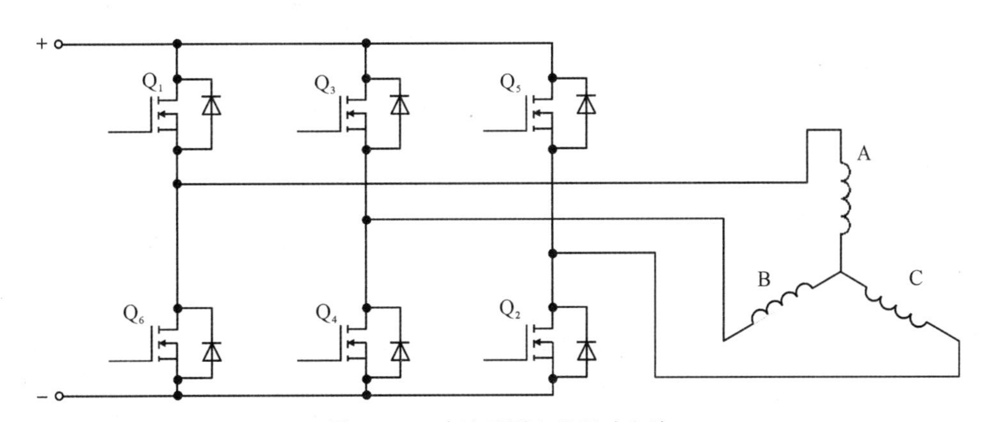

图 2－35　直流无刷电机驱动电路

此直流无刷电机驱动电路也称逆变电路。通过控制此 6 个开关管的开关顺序，可实现不同绕组加电，完成 6 步换相要求。当开关管 Q_1 和 Q_4 导通，其他开关管截止时，电流将从绕组 A 端流入，B 端流出；当开关管 Q_1 和 Q_2 导通，其他开关管截止时，电流将从绕组 A 端流入，C 端流出；当开关管 Q_3 和 Q_2 导通，其他开关管截止时，电流将从绕组 B 端流入，C 端流出；当开关管 Q_3 和 Q_6 导通，其他开关管截止时，电流将从绕组 B 端流入，A 端流出；当开关管 Q_5 和 Q_6 导通，其他开关管截止时，电流将从绕组 C 端流入，A 端流出；当开关管 Q_5 和 Q_4 导通，其他开关管截止时，电流将从绕组 C 端流入，B 端流出。其中，任意时刻不能上下管同时导通，即不能 Q_1 和 Q_6 同时导通，Q_3 和 Q_4 同时导通，Q_5 和 Q_2 同时导通。

直流无刷电机通过在功率开关器件的控制端加入 PWM 信号，控制功率开关器件的开关时间来间接调整电机的工作电压，从而达到调速的目的。根据 6 个功率开关器件的 PWM 控制信号的工作方式，分成 6 种不同的调制方式，如图 2－36 所示。

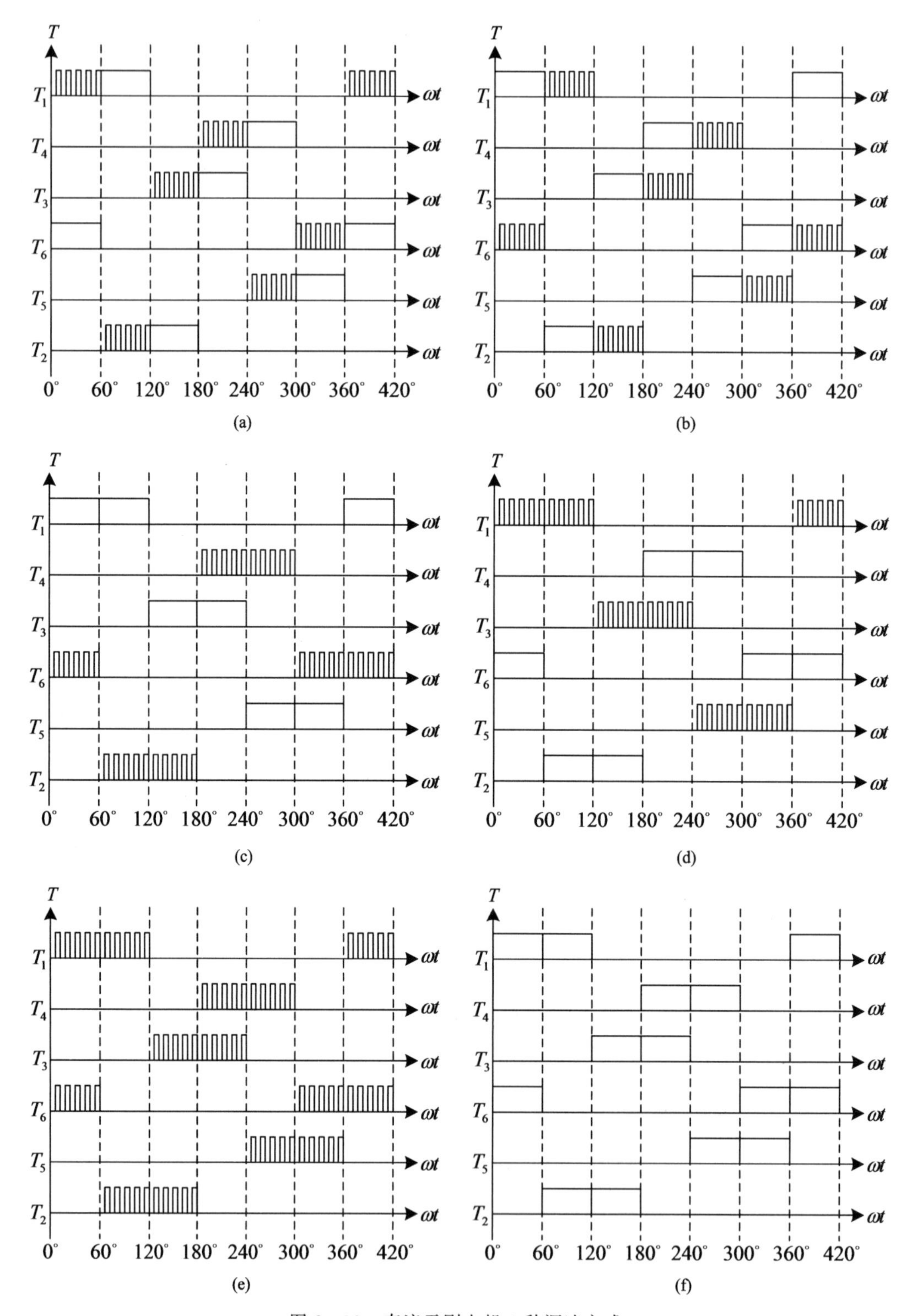

图 2-36　直流无刷电机 6 种调速方式

(a) pwm-on 型调制方式；(b)on-pwm 型调制方式；(c)H_on-L_pwm 型调制方式；(d)H_pwm-L_on 型调制方式；(e)H_pwm-L_pwm 型调制方式；(f)on-on 型调制方式

(1)采用 pwm - on 方式时,下桥换相和上桥换相的换相转矩脉动相等,且最小;非换向相电流脉动也是最小的。

(2)采用 on - pwm 方式时,下桥和上桥换相转矩脉动相等且比 pwm - on 方式大,非换向相电流脉动也比 pwm - on 方式大。

(3)采用 H_on - L_pwm 方式时,下桥换相转矩脉动和非换向相电流脉动小且与 pwm - on 方式时的转矩脉动和电流脉动相等,上桥换相转矩脉动和非换向相电流脉动大且与 on - pwm 方式时的转矩脉动和电流脉动相等。

(4)采用 H_pwm - L_on 方式时,下桥换相转矩脉动和非换向相电流脉动大且与 on - pwm 方式时的转矩脉动和电流脉动相等,上桥换相转矩脉动和非换向相电流脉动小且与 pwm - on 方式时的转矩脉动和电流脉动相等。

(5)采用 H_pwm - L_pwm 方式时,换相转矩脉动最大且非换向相电流脉动也最大。

2.2.5　无感无刷直流电机的启动

由于定子绕组的反电动势与电机的转速成正比,所以电机在静止时反电动势为零或低速时反电动势很小,此时无法根据反电动势信号确定转子磁极的位置。因此,反电动势法需要采用特殊启动技术,从静止开始加速,直至转速足够大。通过反电动势能检测到过零时,再切换至无刷直流电机运行状态。这个过程称为“三段式”启动,主要包括转子预定位、外同步加速和运行状态切换三个阶段。这样既可以使电机转向可控,又可以保证电机达到一定转速后再进行切换,保证启动的可靠性。

(1)电机转子预定位。若要保证无刷直流电机能够正常启动,首先要确定转子在静止时的位置。

在小型轻载条件下,对于具有梯形反电动势波形的无刷直流电机来说,一般采用磁制动转子定位方式。系统启动时,任意给定一组触发脉冲,在气隙中形成一个幅值恒定、方向不变的磁通。只要保证其幅值足够大,那么这一磁通就能在一定时间内将电机转子强行定位在这个方向上。

在应用中,可以在任意一组绕组上通电一定时间,其中预定位的 PWM 占空比和预定位时间的长短设定值可由具体电机特性和负载决定,在实际应用中调试而得。在预定位成功后,转子在启动前可达到预定的位置,为电机启动做好准备。

(2)电机的外同步加速。确定了电机转子的初始位置后,由于此时定子绕组中的反电动势仍为零,所以必须人为地改变电机的外施电压和换相信号,使电机由静止逐步加速运动。这一过程称为外同步加速。对于不同的外施电压调整方法和换相信号调整方法,外同步加速可以划分为以下三类。

1)换相信号频率不变,逐步增大外施电压使电机加速,称为恒频升压法。

2)保持外施电压不变,逐步增高换相信号的频率,使电机逐步加速,称为恒压升频法。

3)在逐步增大外施电压的同时,增高换相的频率,称为升频升压法。

各个方法都有其优点和缺点。如升频升压法是人为地给电机施加一个由低频到高频不断加速的他控同步切换信号,而且电压也在不断地增加。通过调整电机换相,即可调整电机启动的速度,调整方法比较简单,但是这个过程较难实现。切换信号频率的选择要根据电机的极对数和其他参数来确定。太低,电机无法加速;太高,电机转速达不到,会有噪声甚至无法启动,算法比较困难。

无论哪种方法，该过程都是在未检测到反电动势信号时进行。因此对于控制系统来说，此段电机控制是盲区。参数在调试好的时候快速切换至正常运行状态；而参数不理想时，电流可能不稳甚至电机会抖动。因此，在应用中，应根据电机及负载设定合理的升速曲线，并在尽可能短的时间内完成切换。

(3)电机运行状态的切换。当电机通过外同步加速到一定的转速，反电动势信号可以准确检测时，即可由外同步向自同步切换。可以通过试验观察反电动势信号能够被准确检测的转速。在进行切换时有两种方法：一种是测速模块可以测出电机的转速，当达到这一转速时即可进行切换；另一种是通过试验检测出达到预定切换转速的时间，通过软件定时器设置切换时间。

这一步是关键也是比较难实现的一步。有时软件或者硬件设计的不合理都可能导致启动失败。通常是采用估算的方式来选择切换速度。

通过上面的分析可知，无位置传感器无刷直流电机控制系统的难点就是加速及切换阶段。当电机顺利启动后，就可以对电机进行调速操作。其中，无位置传感器无刷直流电机和有位置传感器电机调速原理一致。但由于无感三段式启动过程，转子位置检测无效。因此，对电机进行的速度 PID 闭环控制，须在电机启动顺利完成后进行。

2.2.6 有感无刷直流电机的换相

直流无刷电机中的霍尔传感器如果是 3 个 120°间隔分布安装，转动时 3 个霍尔传感器输出的信号相位互差就为 120°电角度。可通过对霍尔传感器信号的检测，经由功率 MOSFET 或 IGBT 功率开关器件构成的电子换相电路实现换相，使电枢绕组依次通电，从而在定子上产生旋转磁场，驱动永磁转子旋转。随着转子的旋转，位置传感器输出信号不断变化，电枢绕组的通电状态随之改变，使得在某一磁极下导体的电流方向始终保持不变。

具体的换相控制方式有两种：二二导通方式和三三导通方式。

1.二二导通方式

二二导通方式是每次使两个开关管同时导通。以图 2－37 为例，其导通顺序为 Q_1、Q_4→Q_1、Q_2→Q_3、Q_2→Q_3、Q_6→Q_5、Q_6→Q_5、Q_4，共有 6 种导通状态。每隔 60°改变一次导通状态，每次改变只切换一个开关管，每个开关管连续导通 120°。

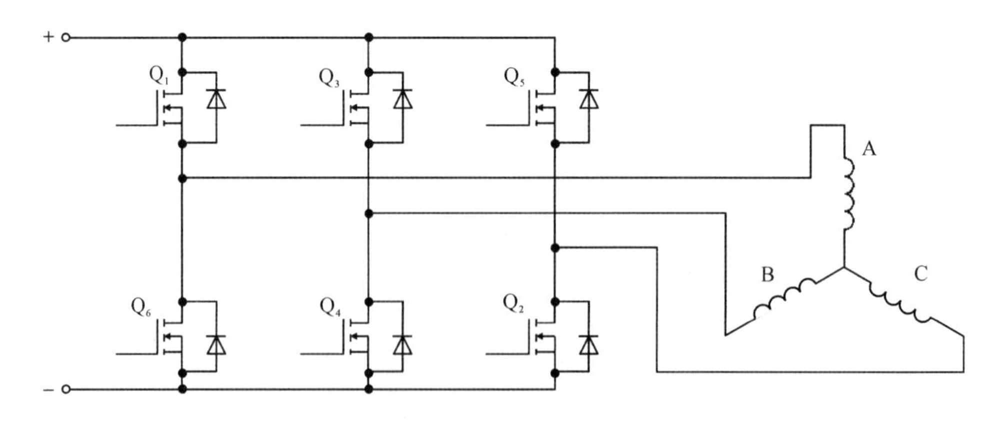

图 2－37 直流无刷电机驱动电路

(1)正转(见图 2-38)。

当 3 个霍尔传感器输出为 101 时,A、B 绕组导通,C 绕组截止,电流方向为:电源(+)→Q_1→A 相绕组→B 相绕组→Q_4→地。

当 3 个霍尔传感器输出为 100 时,A、C 绕组导通,B 绕组截止,电流方向为:电源(+)→Q_1→A 相绕组→C 相绕组→Q_2→地。

当 3 个霍尔传感器输出为 110 时,B、C 绕组导通,A 绕组截止,电流方向为:电源(+)→Q_3→B 相绕组→C 相绕组→Q_2→地。

当 3 个霍尔传感器输出为 010 时,B、A 绕组导通,C 绕组截止,电流方向为:电源(+)→Q_3→B 相绕组→A 相绕组→Q_6→地。

当 3 个霍尔传感器输出为 011 时,C、A 绕组导通,B 绕组截止,电流方向为:电源(+)→Q_5→C 相绕组→A 相绕组→Q_6→地。

当 3 个霍尔传感器输出为 001 时,C、B 绕组导通,A 绕组截止,电流方向为:电源(+)→Q_5→C 相绕组→B 相绕组→Q_4→地。

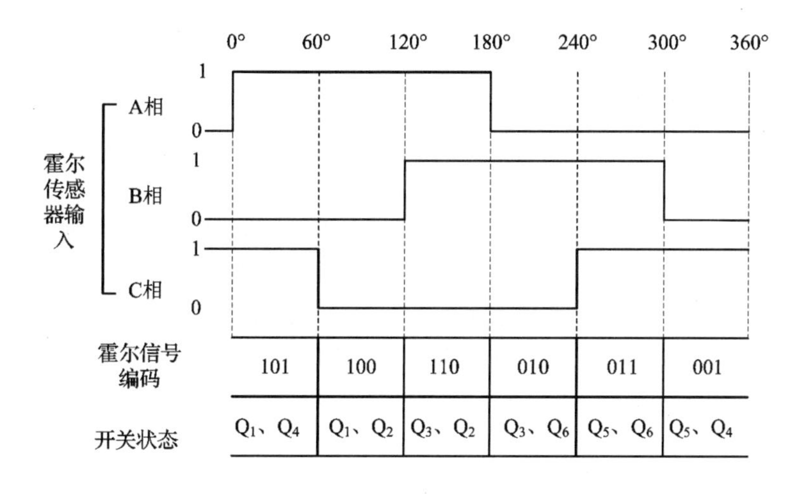

图 2-38　120°霍尔无刷电机正转换相

(2)反转(见图 2-39)。

当 3 个霍尔传感器输出为 101 时,B、A 绕组导通,C 绕组截止,电流方向为:电源(+)→Q_3→B 相绕组→A 相绕组→Q_6→地。

当 3 个霍尔传感器输出为 100 时,C、A 绕组导通,B 绕组截止,电流方向为:电源(+)→Q_5→C 相绕组→A 相绕组→Q_6→地。

当 3 个霍尔传感器输出为 110 时,C、B 绕组导通,A 绕组截止,电流方向为:电源(+)→Q_5→C 相绕组→B 相绕组→Q_4→地。

当 3 个霍尔传感器输出为 010 时,A、B 绕组导通,C 绕组截止,电流方向为:电源(+)→Q_1→A 相绕组→B 相绕组→Q_4→地。

当 3 个霍尔传感器输出为 011 时,A、C 绕组导通,B 绕组截止,电流方向为:电源(+)→Q_1→A 相绕组→C 相绕组→Q_2→地。

当 3 个霍尔传感器输出为 001 时,B、C 绕组导通,A 绕组截止,电流方向为:电源(+)→

Q_3→B 相绕组→C 相绕组→Q_2→地。

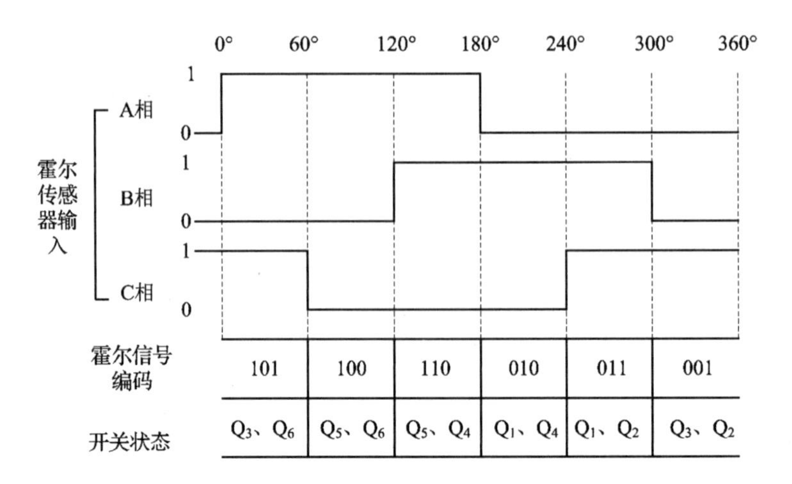

图 2-39　120°霍尔无刷电机反转换相

120°霍尔换相真值表见表 2-1。

表 2-1　120°霍尔换相真值表

霍尔编码	正转		反转	
	绕组通电顺序	导通功率开关管	绕组通电顺序	导通功率开关管
101	+A,−B	Q_1、Q_4	+B,−A	Q_3、Q_6
100	+A,−C	Q_1、Q_2	+C,−A	Q_5、Q_6
110	+B,−C	Q_3、Q_2	+C,−B	Q_5、Q_4
010	+B,−A	Q_3、Q_6	+A,−B	Q_1、Q_4
011	+C,−A	Q_5、Q_6	+A,−C	Q_1、Q_2
001	+C,−B	Q_5、Q_4	+B,−C	Q_3、Q_2

如果 3 个霍尔传感器间隔 60°安装,其极对数为 2,极数为 4 极。因为极对数为 2,所以一个机械周期含两个电角度周期,在实际应用中,按图 2-40 所示的霍尔信号状态进行绕组换相。即当霍尔传感器输出信号为 001、000、100、110、111、011 时,绕组通电顺序分别为+A、−C→+A、−B→+C、−B→+C、−A→+B、−A→+B、−C。若使电机按反方向转动,只须将绕组电流按反向通电即可。当霍尔传感器输出信号为 001、000、100、110、111、011 时,绕组通电顺序分别为+C、−A→+B、−A→+B、−C→+A、−C→+A、−B→+C、−B。

2.三三导通方式

三三导通方式是每次使 3 个开关管同时导通,有 Q_1、Q_5、Q_4→Q_1、Q_4、Q_2→Q_1、Q_3、Q_2→Q_3、Q_2、Q_6→Q_3、Q_5、Q_6→Q_5、Q_6、Q_4 共 6 种导通状态。每隔 60°改变一次导通状态,每次仅切换一个开关管,但是每个开关管连续导通 180°。

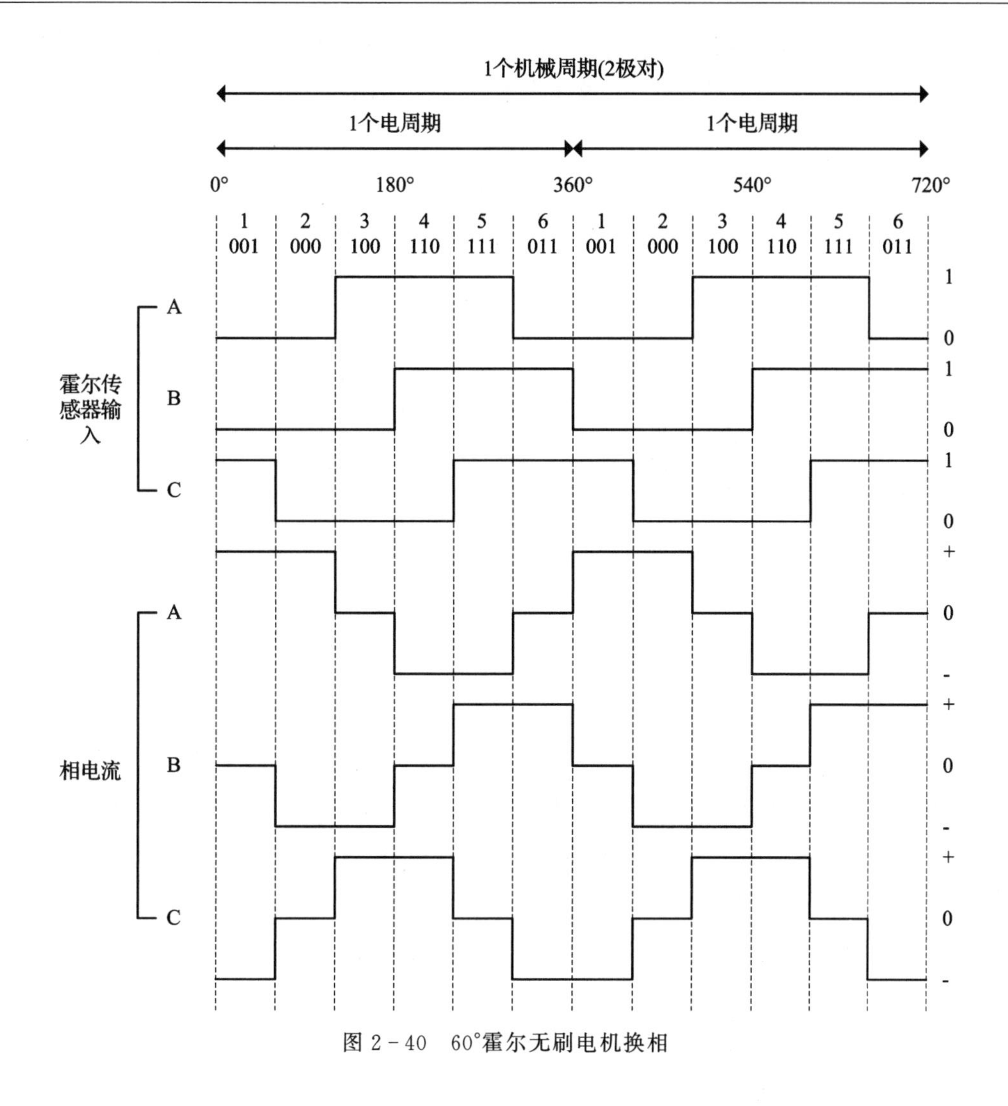

图 2-40　60°霍尔无刷电机换相

2.3　有刷直流电机工作原理

2.3.1　有刷直流电机的分类

有刷直流电动机的种类较多，性能各异，分类方法也有很多，通常按照建立磁场的方式分类，分为电磁直流电动机和永磁直流电动机两大类。电磁直流电动机的励磁方式是指对励磁绕组如何供电、产生励磁磁通势而建立主磁场的问题。永磁直流电动机是用永磁体建立磁场的一种直流电机。永磁直流电动机的启动和运行特性与电流励磁式的他励、并励直流电动机基本相同，在结构上除定子部分没有励磁绕组外，其电枢、电刷、换向器等零部件均与电流励磁式直流电机相同。

1.电磁直流电机

根据励磁方式的不同，电磁直流电机有他励和自励两类。自励的励磁方式包括并励、串励和复励等，复励又有积复励和差复励之分。电磁直流电机因励磁方式不同，定子磁极磁通(由定子主磁极的励磁线圈通电后产生)的规律也不同，使得电磁直流电机的特性有很大的差异，从而使它们能满足不同生产机械的要求。

(1)他励直流电机。如图 2－41 所示，他励直流电机的励磁绕组与电枢绕组无连接关系，而由其他直流电源对励磁绕组供电。由于他励直流电机的励磁绕组接到独立的励磁电源供电，其励磁电流也较恒定，启动转矩与电枢电流成正比。转速变化率为 5%～15%。可以通过消弱磁场恒功率来提高转速或通过降低转子绕组的电压来使转速降低。

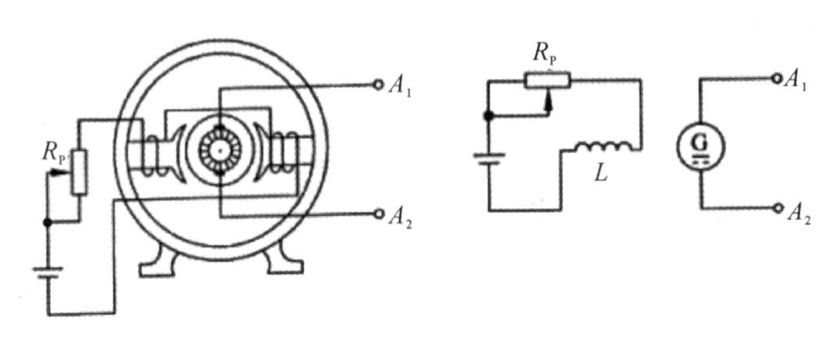

图 2－41　他励直流电动机的励磁方式

(2)并励直流电机。如图 2－42 所示，并励直流电动机的励磁绕组与电枢绕组相并联，励磁绕组与电枢共用同一电源。作为并励电机来说，是电动机本身发出来的端电压为励磁绕组供电，从性能上讲与他励直流电机相同。并励直流电机的励磁电流较恒定，启动转矩与电枢电流成正比，启动电流约为额定电流的 2.5 倍左右。转速则随电流及转矩的增大而略有下降，短时过载转矩为额定转矩的 1.5 倍。转速变化率较小，为 5%～15%。可通过消弱磁场的恒功率来调速。

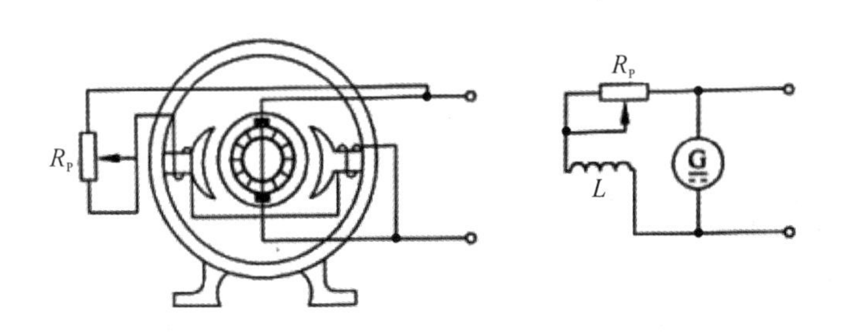

图 2－42　并励直流电动机的励磁方式

(3)串励直流电机。串励直流电机的励磁绕组与电枢绕组串联后，再接于直流电源，如图 2－43 所示。这种直流电机的励磁电流就是电枢电流。串励直流电机的励磁绕组与转子绕组之间通过电刷和换向器串联，励磁电流与电枢电流成正比，定子的磁通量随着励磁电流的增加而增大，转矩近似与电枢电流的二次方成正比，转速随转矩或电流的增加而迅速下降。其启动转矩可达额定转速的 5 倍以上，短时过载转矩可达额定转矩的 4 倍以上，转速变化率较大，空载转速甚高(一般不允许其在空载下运行)。可通过用外用电阻器与串励绕组串联(或并联)，或将串励绕组并联来实现调速。

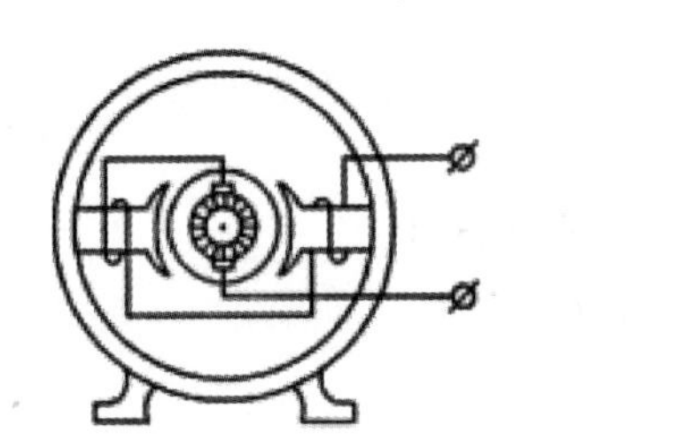
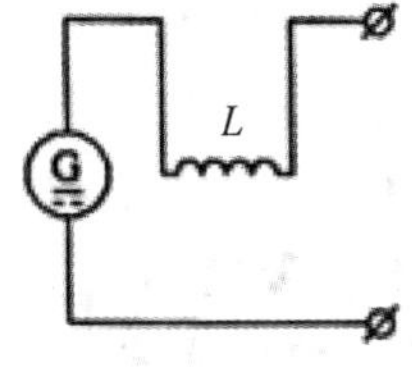

图 2-43　串励直流电动机的励磁方式

(4)复励直流电机。如图 2-44 所示,复励直流电机的定子磁极上除有并励绕组外,还装有与转子绕组串联的串励绕组(其匝数较少)。若串励绕组产生的磁通势与并励绕组产生的磁通势方向相同称为积复励;若两个磁通势方向相反则称为差复励。复励直流电机有并励和串励两个励磁绕组。串联绕组产生磁通的方向与主绕组的磁通方向相同,启动转矩约为额定转矩的 4 倍左右,短时过载转矩为额定转矩的 3.5 倍左右。转速变化率为 25%～30%(与串联绕组有关)。转速可通过消弱磁场强度来调整。

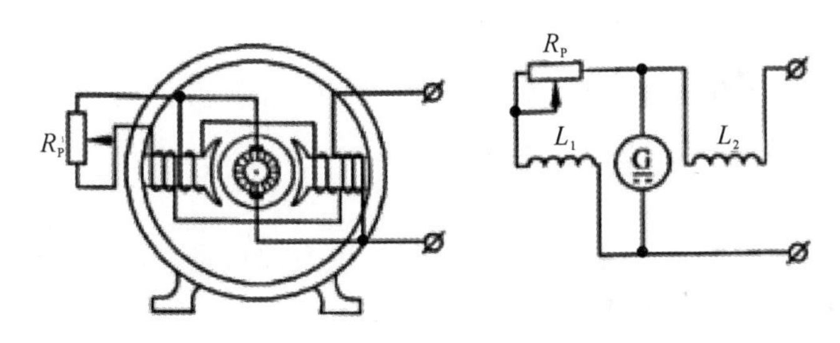

图 2-44　复励直流电动机的励磁方式

2.永磁直流电机

永磁直流电机由定子磁极、转子、外壳等组成,定子磁极采用永磁体(永久磁钢)、有铁氧体、铝镍钴、钕铁硼等材料制成。按其结构形式可分为圆筒型和瓦块型等几种。绝大多数微型直流电机都是永磁的,例如录放机中使用的直流电动机多数是圆筒型磁体,而电动工具及汽车用电器中使用的直流电动机则多数采用瓦块型磁体。按照有无电刷分为永磁无刷直流电机和永磁有刷直流电机两种。

2.3.2　有刷直流电机的组成

直流电源的电能通过电刷和换向器进入电枢绕组,产生电枢电流,电枢电流产生的磁场与主磁场相互作用产生电磁转矩,使电机旋转带动负载。由于电刷和换向器的存在,有刷电机的结构复杂,可靠性差,故障多,维护工作量大,寿命短,换向火花易产生电磁干扰。

有刷直流电机的工作原理如图 2-45 所示。在有刷直流电机的固定部分有磁铁,这里称作主磁极,固定部分还有电刷。转动部分有环形铁芯和绕在环形铁芯上的绕组。

图 2-45 所示的两极有刷直流电机的固定部分(定子)上装设了一对直流励磁的静止的主磁极 N 和 S,在旋转部分(转子)上装设电枢铁芯。定子与转子之间有一气隙。在电枢铁芯上

放置了由 A 和 X 两根导体连成的电枢线圈，线圈的首端和末端分别连到两个圆弧形的铜片上，此铜片称为换向片。换向片之间互相绝缘，由换向片构成的整体称为换向器。换向器固定在转轴上，换向片与转轴之间亦互相绝缘。在换向片上放置着一对固定不动的电刷 B_1 和 B_2，当电枢旋转时，电枢线圈通过换向片和电刷与外电路接通。

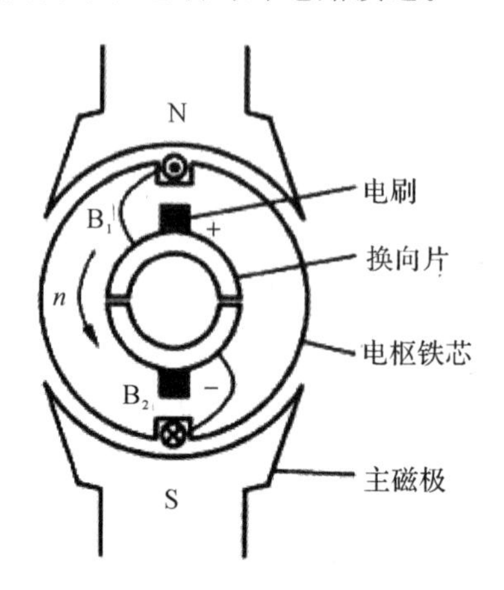

图 2-45　两极有刷直流电机工作原理

图 2-45 所示为一个简单 BDC 电机的结构。所有 BDC 电机的基本组件都是一样的：定子、电刷和换向器。后面将更详细地介绍每个组件。

1.定子

定子主要起到电磁感应的作用，用以产生磁场，以及起机械支撑作用，由主磁极、换向极、机座、电刷装置、端盖、轴承等部件组成。

(1)主磁极。主磁极由主磁极铁芯、励磁绕组组成，用于产生工作磁场。主磁极铁芯是用薄钢板叠装而成，主磁极绕组是用电磁线(小型电机)或扁铜线(大中型电机)绕制而成。主磁极是直流电机的电磁感应部分，其作用是改变励磁电流方向和励磁磁场方向，产生恒定的气隙磁通。

(2)换向极。换向极是位于两个主磁极之间的小磁极，又称附加极，用于产生换向磁场，以减小电流换向时产生的火花，它由换向铁芯和换向极绕组组成。

换向极铁芯是由整块钢制成，对换向性能要求高的电机，用 1～1.5 mm 钢板叠压而成。换向极绕组与主磁极绕组一样，也是用铜线或扁铜线绕制而成，并经绝缘处理，固定在换向极铁芯上，换向极绕组一般都与电枢绕组相串联，并且安装在两个相邻主磁极间的中线上。

一般容量在 1 kW 以上的直流电机都会配置换向极。换向极绕组与电枢绕组串联，用于改善电机的换向性能，防止产生电弧火花，整个换向极用螺钉固定在机座上。换向极数目和主磁极数目相等。

(3)机座。机座是直流电机的机械支撑，用来固定主磁极、换向极和端盖。机座又是电机磁路的一部分，机座上作为磁路的部分称为磁轭。为保证机座的机械强度和导磁性能，机座通常采用铸铁或厚钢板焊接而成，或直接用无缝钢管加工而成。

(4)电刷装置。电刷装置由电刷、刷握、刷杆、压缩弹簧和铜丝瓣等组成，电刷一般用石墨粉压制而成，其作用是通过电刷与换向器表面的滑动接触，将直流电压、直流电流引入或引出电刷绕组，与换向片配合，完成直流与交流的互换。

2.转子(电枢)

转子的作用是产生电磁转矩和感应电动势，它是能量转换的枢纽，由电枢铁芯、电枢绕组、换向器、转轴、风扇等部件组成。

(1)电枢铁芯。电枢铁芯属于电动机磁路的一部分，主要作用是导磁和嵌放电枢绕组，为减少电动机中的铁耗，常将电枢铁芯用 0.5 mm 厚的硅钢片叠压而成，片间要绝缘。冲片圆周外缘均匀地冲有许多齿和槽，槽内嵌放电枢绕组，冲片上一般还有许多圆孔，以形成改善散热效果的轴向通风孔。

(2)电枢绕组。电枢绕组是电动机的电路部分，其作用是产生感应电动势，通过电流产生电磁转矩，传送电磁功率，实现电动机能量转换，是电动机最关键的部件之一。电枢绕组由许多用绝缘导线绕组的线圈组成，各线圈以一定的规律焊接到各换向片上而连接成一个整体。

(3)换向器。换向器是直流电动机的关键部件。在电动机中和电刷一起将电动机外的直流电流转换成绕组内的交流电流；在电动机中和电刷一起将输入的直流电流转换成交流电流。

从直流电动机的工作原理分析可以看到，要使线圈按照一定的方向旋转，关键问题是当导体从一个磁极范围内转到另一个异性磁极范围内时，导体中电流的方向也要同时改变。换向器和电刷就是完成这个任务的装置。在直流发电机中，换向器和电刷把线圈中的交流电变为直流电向外输出；而在直流电动机中，则用换向器和电刷把输入的直流电变为线圈中的交流电。当然，在实际的直流电机中 不止一个线圈，而是有许多个线圈牢固地嵌在转子铁芯槽中，当导体中通过电流，在磁场中因受力而转动，就带动整个转子旋转。

换向器的换向片是用银铜、镉铜等合金材料，用高强度塑料模压而成。电刷与换向器滑动接触，为转子绕组提供电枢电流。电磁式直流电机的电刷一般采用金属石墨电刷，转子的铁芯采用硅钢片叠压而成，一般为 12 槽，内嵌 12 组电枢绕组，各绕组间串联后，再分别与 12 片换向片连接。

(4)转轴。转轴用来传递转矩。为了使电机可靠地运行，转轴一般用合金钢锻压加工而成。

(5)风扇。风扇用来散热，降低电机运行中的温升。

3.气隙

直流电机的气隙是指定子、转子之间的间隙。气隙是电机主磁极与电枢之间的间隙，小型电机气隙为 1～3 mm，大型电机气隙为 10～12 mm。气隙虽小，但是因为空气磁阻较大，在电机磁路系统中有重要作用，其大小、形状对电机性能有很大的影响。

2.3.3　有刷直流电机工作原理

如图 2－46(a)所示，电刷分别与两个半圆环 A、B 接触，这时两电刷之间输出的是直流电。电流方向是从 a 经过 b、c 到 d。这时线圈在磁极之间会受到力的作用，根据左手定则，从图(a)可以看出，线圈 ab 边受到一个向左的力 F，线圈 cd 边受到一个向右的力 F。线圈在力 F 的作用下会按逆时针方向旋转。

当线圈的 ab 边转到 S 极范围内时，cd 边就转到 N 极范围内〔见图 2－46(b)〕，电流方向是从 d 经过 c、b 到 a，电流方向发生改变。根据左手定则，从图 2—46(b)可以看出，线圈 ab 边受到一个向右的力 F，线圈 cd 边受到一个向左的力 F。线圈在力 F 的作用下会继续按逆时针方向旋转。由此可见，在转子旋转一圈的过程中，线圈中的电流要进行一次换向，才能保证转子持续运转。

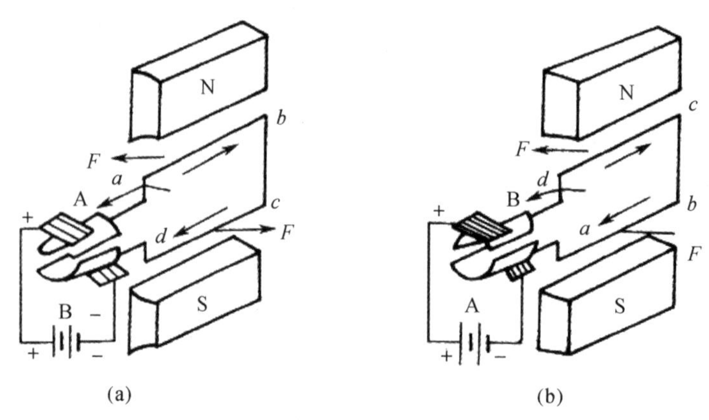

(a) (b)

图 2-46 有刷直流电机工作原理图

(a)电流方向 a→d;(b)电流方向 d→a

当线圈不停地旋转时，虽然与两个电刷接触的线圈边不停地变化，但是，切割磁力线的线圈两边 ab 和 cd 不断变换电流方向，以保证线圈受力为同一个方向，使电机能按一个方向持续旋转。

2.3.4 有刷直流电机与无刷直流电机比较

有刷直流电动机工作时，电枢线圈和换向器旋转，磁钢和碳刷不转，线圈电流方向的交替变化靠随电动机转动的换向器和固定电刷配合接触来完成。无刷直流电动机的转子和定子之间没有电刷和换向器，而是采用电子换相装置取代机械换向装置，由控制器提供不同电流方向的直流电来达到电机线圈电流方向的交替变换。由于总体结构上存在的这种差异，有刷直流电动机与无刷直流电动机在主要性能方面有很大差别，现将两者作下述对比。

1.有刷直流电动机的优缺点

有刷直流电动机与无刷直流电动机相比较，其优缺点如下。

(1)有刷直流电动机的优点。

1)制造简单，成本低廉。

2)启动快，制动及时，可在大范围内平滑地调速。

3)控制电路相对简单。

4)定子与转子磁场的正交性好，因而反应特性和控制性能较好。

(2)有刷直流电动机的缺点。

1)磨损大，维护难。有刷直流电动机的碳刷摩擦大，容易损坏。使用一段时间以后，需要打开电动机来清理碳刷，费时费力。

2)发热大，寿命短。由于有刷电动机的结构原因，电刷和换向器的接触电阻很大，造成电动机整体电阻较大，容易发热，而永磁体是热敏元件，温度太高会导致磁钢退磁，使电动机性能下降，寿命短，一般工作寿命约为 1 000～2 000 h。

3)效率低，输出功率小。有刷电动机发热问题突出，使相当一部分电能白白转化为热能，所以有刷电动机的输出功率不大，效率也低。比较而言，无刷电动机的耗电量只是碳刷的1/3。

4)噪声、干扰大。有刷直流电动机碳刷摩擦所发出的噪声要比无刷电动机高很多，而且随着日后碳刷逐步磨损，噪声会越来越大。有刷电动机运转时电刷产生的电火花会对无线电设备造成很大干扰。

2.无刷直流电动机的优缺点

无刷直流电动机与有刷直流电动机相比较，其优缺点如下。

(1)无刷直流电动机的优点。

1)质量轻。由于取消了机械碳刷、滑环结构，因此机体结构紧凑、体积小、质量轻、出力大。

2)干扰小。无刷电机去掉了电刷，最直接的变化就是没有了有刷电机运转时产生的电火花，这样就极大减少了电火花对无线电设备的干扰。

3)噪声低。没有了机械电刷，运转时摩擦力大大减小，运行顺畅，噪声降低许多。

4)调速范围宽。无级调速，过载能力强，任何速度下都可以全功率运行。

5)外特性好。转矩特性优异，中、低速转矩性能好。启动转矩大，启动电流小，能够在低速下输出大转矩，提供大的启动转矩，省去减速机而直接驱动大的负载。

6)效率高。电动机本身没有励磁损耗和碳刷损耗，并消除了多级减速损耗，节能省电，综合节电率可达20%～60%。

7)寿命长。因为去掉了电刷，无机械换向器，机械磨损小。采用全封闭式结构，可以防止尘土进入电机内部，维修与保养简单(多数情况下不需要维修)。寿命长，通常可连续工作20 000 h左右，常规使用寿命可达7～10年。

8)可靠性高。性能优异，稳定性好，适应性强，过载能力强，使其在动力系统中有出色的表现。

9)制动性好。软起软停，制动特性好，无需机械制动或电磁制动装置。

10)震动小，运转平滑，噪声小，耐颠簸震动性好。

(2) 无刷直流电动机的缺点。

1)成本高，其价格比有刷直流电动机高2～3倍。

2)需要增加位置传感器或采用其他检测技术，同时电子控制电路相对复杂。

3)定子与转子磁场的正交特性差，有较明显的转矩波动，因而反应特性和控制性较差。

4)转子永磁材料限制了电机的使用环境温度，不适合于高温场合使用。

综合有刷直流电动机和无刷直流电动机的优缺点，对有刷和无刷直流电机在一些常见项目上进行对比，见表2-2。

表2-2　有刷直流电动机和无刷直流电动机的优缺点对比

项　目	无刷直流电动机	有刷直流电动机
换向	借助转子位置传感器或其他方式实现电子换向	由电刷和换向器进行机械换向
维护	由于没有电刷和换向器，很少需要维护	需要周期性维护

续表

项　目	无刷直流电动机	有刷直流电动机
寿命	比较长	比较短
机械(速度/力矩)特性	平(硬)在负载条件下能在所有速度上运行	中等平(中等硬)。在较高速度上运行时,电刷摩擦增加,有用力矩减小
效率	由于没有电刷压降,所以效率高	中等
输出功率/外形尺寸之比	由于电枢绕组设置在与机壳相连的定子上,容易散热。这种优异的热传导特性允许减小电动机的尺寸,所以输出功率/外形尺寸之比高	中等/低。电枢产生的热量消散在气隙内,这样增加了气隙温度,从而限制了输出功率/外形尺寸之比
转动惯量	低。因为永磁体设置在转子上,改善了动态响应	转动惯量高,限制了动态特性
速度范围	比较高,没有电刷/换向器给予的机械限制	比较低,存在电刷给予的机械限制
电气噪声	低	电刷的电弧将对附近的设备产生电磁干扰
制造价格	比较高	低
控制	复杂和价格贵	简单和价格便宜
控制要求	为了使电动机运转必须要有控制器,但同样的控制器可用于变速控制	对于一个固定的速度而言,不需要控制器;有变速要求的时候才需要控制器

2.4　空心杯电机工作原理

在微型飞行器上,由于空间和电流都比较有限,通常采用空心杯电机作为动力装置,如空心杯电机和MOS管驱动电路的结合。

2.4.1　空心杯电机的基本结构

空心杯电机与普通电机的主要区别是采用无铁芯转子,也叫空心杯型转子。空心杯电机属于直流、永磁、伺服微特电机,具有突出的节能特性、灵敏方便的控制特性和稳定的运行特性,作为高效率的能量转换装置,代表了电动机的发展方向。微特电动机全称微型特种电动机,是指直径小于160 mm或额定功率小于750 W或具有特殊性能、特殊用途的微型特种电动机。微特电机常用于控制系统中,实现机电信号或能量的检测、解算、放大、执行或转换等功能,或用于传动机械负载,也可以作为设备的交直流电源。

空心杯电机在结构上(见图2-47)突破了传统电动机的转子结构形式,采用无铁芯转子,彻底消除了由于铁芯形成涡流而造成的电能损耗,同时其质量和转动惯量大幅度降低,从而降低了转子自身的机械能损耗。由于转子的结构变化而使电动机的运转特性得到了极大改善，不但具有突出的节能特点，更为重要的是具备了铁芯电动机所无法达到的控制和拖动特性。

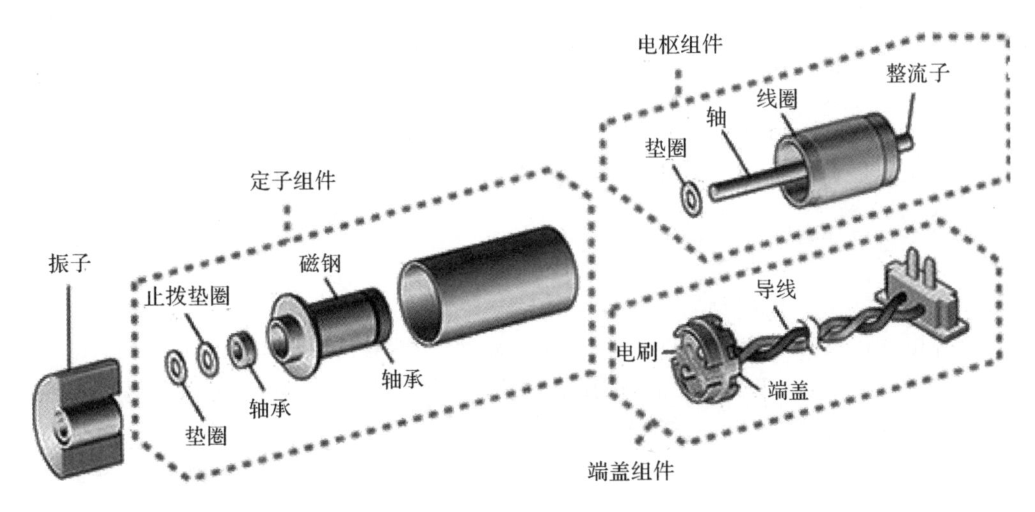

2－47　空心杯电机的结构

空心杯电机分为有刷和无刷两种：有刷空心杯电动机转子无铁芯，无刷空心杯电动机定子无铁芯。绕组采用三角形接法，如图 2－48 所示。

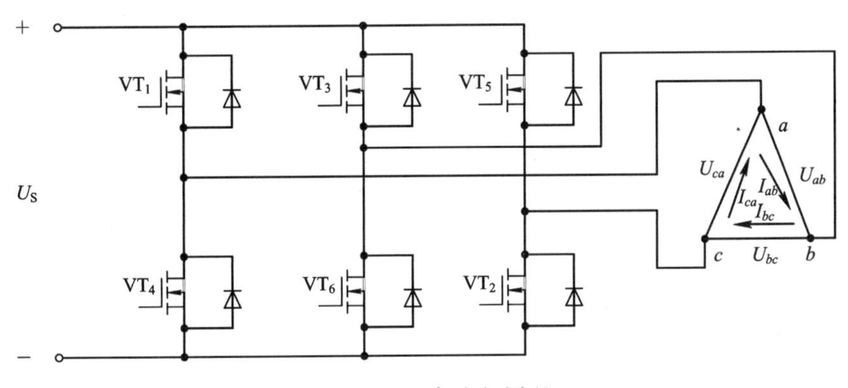

2－48　空心杯电机原理

一般来说，空心杯电机都是高转速电动机，其空载转速可以达到 50 000 r/min 左右。对于直流电动机的调速方式一般都是使用脉宽调制（PWM）来控制电动机转速。由单片机输出一定频率的 PWM 波，通过改变 PWM 的占空比来改变电动机的转速。单片机与电动机之间需要一个驱动电路来连接。驱动电路分为 H 全桥和 H 半桥，全桥电路可以控制电动机的正反转和转速，而半桥则只能控制电动机的转速，无法控制旋转方向。

2.4.2　空心杯直流电机的基本原理

空心杯直流电动机保持着有刷直流电动机的优良机械及控制特性，在电磁结构上与有刷直流电机一样，但它的电枢绕组放在定子上，转子上放置永久磁钢。空心杯直流电动机的电枢绕组像交流电动机的绕组一样，采用多相形式，经由逆变器接到直流电源上，定子采用位置传感器或无位置传感器技术实现电子换向代替有刷直流电动机的电刷和换向器，各项逐次通电产生电流和转子磁极主磁场相互作用，产生转矩，使电动机旋转。

与有刷直流电动机相比，空心杯直流电动机由于消除了电动机滑动接触机构，因而消除了故障的主要根源。转子上没有绕组，也就没有了电的损耗。又由于主磁场是恒定的，因此铁损也极小。除轴承旋转产生磨损外，转子的损耗很小，因而进一步提高了工作的可靠性。

正是由于空心杯电动机的这种独特的结构，才使它更加节能。随着稀土磁材料和功率半导体价格的不断提高以及新技术的不断出现，其在工业领域的应用也越来越广泛。

2.4.3 空心杯电动机的主要特性与应用范围

1.空心杯电动机的主要特性

空心杯电动机具有十分突出的节能、控制和拖动特性，具体主要有以下几方面。

(1)节能特性。能量转换效率很高，其最大效率一般在70%以上，部分产品可达到90%以上(有铁芯电动机一般在20%～50%)。

(2)控制特性。因为空心，所以转动惯量特别小，响应极快，启动、制动迅速，机械时间常数小于28 ms，部分产品可以达到10 ms以内(有铁芯电动机一般在100 ms以上)。在推荐运行区高速运转状态下，可以对转速进行灵敏的调节。

(3)拖动特性。运行稳定性十分可靠，转速的波动很小，作为伺服微特电动机，其转速波动能够控制在2%以内。

(4)电磁干扰少。采用高品质的电刷、换向器结构，换向火花小，可以免去附加的抗干扰装置。

(5)能量密度特性。空心杯电动机的能量密度大幅度提高，与同等功率的有铁芯电动机相比，其质量、体积减轻了1/3～1/2。

2.空心杯电动机的应用范围

由于空心杯电动机克服了铁芯电动机不可逾越的技术障碍，而且其突出的特点集中在电动机的主要性能方面，使其具备了广阔的应用领域。尤其是随着产业技术的飞速发展，对电动机的伺服特性不断提出更高的期望和要求，空心杯电动机在很多应用场合拥有了不可替代的地位。

空心杯电动机的应用从军事、高科技领域进入大众产业和民用领域后，10多年来得到迅速的发展，尤其是在产业发达国家，已经涉及大部分行业和很多产品。

(1)需要快速响应的随动系统，如导弹的飞行方向快速调节、高倍率光驱的随动控制、快速自动调焦、高灵敏的记录和检测设备、产业机器人、仿生义肢等，空心杯电动机的电动性能很好地满足了其技术要求。

(2)对驱动元件要求平稳持久的产品，如各类便携式的仪器仪表、个人随身装备、野外作业的仪器设备、电动车等，同样一组电源，供电时间可以延长一倍以上。

(3)各种飞行器，包括航空、航天、航模等。利用空心杯电动机质量轻、体积小、能耗低的优点，可以最大限度地减轻飞行器的质量。

(4)各种各样的民用电器产品。如家用电器、医疗器械、机器设备、智能化装置等，采用空心杯电动机作为执行元件，可以使产品档次提高，性能优越。

(5)利用其能量转换效率高的优点，可作为电动机使用。利用其线性运行的特性，可作为测速电动机使用。配上减速器,也可以作为力矩电动机使用等。

随着产业技术进步,各种机电设备严格的技术条件对伺服电动机提出越来越高的技术要求,同时,目前空心杯电动机的应用范围已经完全脱离了高端产品的局限性,正在迅速地扩大到一般民用等低端产品上的应用范围,以广泛提升产品品质。据统计,在产业发达国家,已经有 100 多种民用产品成熟应用了空心杯电动机。

3.空心杯电动机在微型多旋翼无人机上的应用

微型多旋翼无人机利用空心杯电动机质量轻、体积小、能耗低的优点,可以最大限度地减轻本身的质量。具体来说是采用有刷直流空心杯电动机结合 MOS 管驱动电路作为动力。由于空心杯电动机需要的电流较大,因此常常将空心杯电动机的一端接到 VCC 上面(微型多旋翼无人机的 VCC 电压通常是 3.7 V),另一端用 MOS 管控制通断,并接到 GND(公共端)上面。当信号输入端为高电平时,MOS 管接通,则原本接到电动机一端的 MOS 管 D 极与 GND 连通,加上接到 VCC 的电动机的另一条线,形成回路,则电动机开始旋转;当信号输入端为低电平时,MOS 管截止,电动机停止旋转。因此,通过调节信号输入端的脉冲宽度调制(PWM 波占空比),就可以控制空心杯电动机的转速快慢。在使用的时候,电动机的两根电源线互换位置会导致旋转方向反向。另外要注意电动机的旋转方向与螺旋桨的匹配。

习　题　2

1.无刷直流电机转子位置的检测方法有哪些?

2.无刷直流电机是如何进行调速的?有哪几种调速方式?

3.无感无刷直流电机是如何启动的?

4.简述无刷直流电机与有刷直流电机的优缺点。

5.简述空心杯电机的特性有哪些。

6.直流有刷电机由哪些部件组成?

7.直流无刷电机由哪些部件组成?

第3章 无人机控制电机与控制技术

内容提示

无人机动力电机主要是作为动力使用,主要任务是能量的转换。无人机控制电机的主要任务是转换和传递控制信号,能量的转换是次要的。用在无人机上的控制电机有步进电机、伺服电机等,主要应用在除动力系统外的其他活动部件的驱动上,例如舵机、云台等。对控制电机的主要要求有动作灵敏、准确、质量轻、体积小、耗电少和运行可靠等。

教学要求

(1) 理解步进电机的结构与工作原理。

(2) 了解直流伺服电机的工作原理。

(3) 了解电机 PID 控制技术工作原理。

(4) 了解控制电机在无人机上的应用。

内容框架

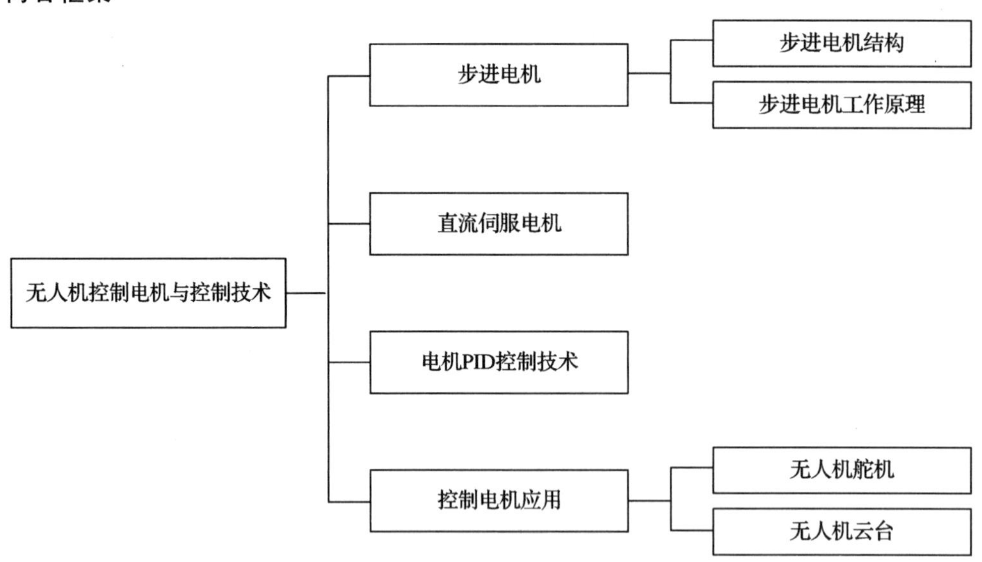

3.1 步进电机工作原理

步进电机又称脉冲电机,它是一种将数字脉冲信号转换成为具有角位移或线位移,即转变为一种模拟信号的电磁装置。步进电机是开环驱动机构中的一个关键元件。常见的步进电机有反应式步进电机与混合式步进电机两种。

原理:步进电机是利用电磁铁原理,将脉冲信号转换成角位移或线位移的电机。每来一个电脉冲,电机转动一个角度,带动机械移动一小段距离。

3.1.1　步进电机的结构与特点

1.步进电机的结构

步进电机主要由两部分构成:定子和转子。它们均由磁性材料构成。

定、转子铁芯由软磁材料或硅钢片叠成凸极结构,定、转子磁极上均有小齿,定、转子的齿数相等。其中定子有6个磁极,定子磁极上套有星形连接的三相控制绕组,每两个相对的磁极为一相,组成一相控制绕组,转子上没有绕组。转子上相邻两齿间的夹角称为齿距角,有

$$\theta_t = \frac{360°}{Z_r} \tag{3-1}$$

2.步进电机的特点

(1) 步进电机输出的角位移或线位移与输入脉冲数成正比,即每输入一个脉冲,经分配装置使电机转子相应转动一步,且在时间上与输入脉冲同步。

(2)转速与脉冲频率成正比。

(3)能快速地启动、制动和反转。

(4)转子的转动惯量小,启动、停止时间短。

(5)无积累误差,所以定位精度高。

3.1.2　步进电机的工作方式

步进电机的工作方式可分为三相单三拍、三相单双六拍、三相双三拍等。

1.三相单三拍

这种工作方式,因三相绕组中每次只有一相通电,而且一个循环周期共包括三个脉冲,所以称三相单三拍。由于每次只有一相绕组通电,在切换瞬间将失去自锁转矩,容易失步,易在平衡位置附近产生振荡,稳定性不佳,故实际应用中不采用单三拍工作方式。

(1)三相绕组连接方式:Y型,如图3-1所示。

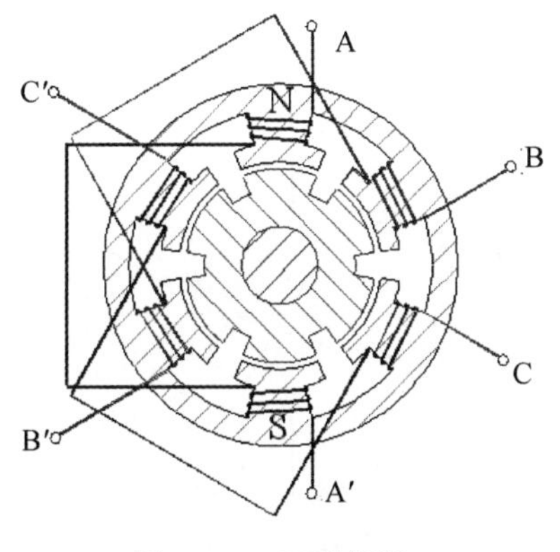

图3-1　Y型绕组

(2)三相绕组中的通电顺序为 A→B→C→A→B→C 或 A→C→B→A→C→B。

(3)工作过程。

1)A 相通电,A 方向的磁通经转子形成闭合回路。若转子和磁场轴线方向原有一定角度,则在磁场的作用下,转子被磁化,吸引转子,由于磁力线总是要通过磁阻最小的路径闭合,因此会在磁力线扭曲时产生切向力而形成磁阻转矩,使转子转动,使转、定子的齿对齐停止转动。

A 相通电使转子 1、3 齿和 AA′ 对齐(见图 3-2)。

图 3-2 A 相通电

2)B 相通电,转子 2、4 齿和 B 相轴线对齐,相对 A 相通电位置转 30°(见图 3-3)。

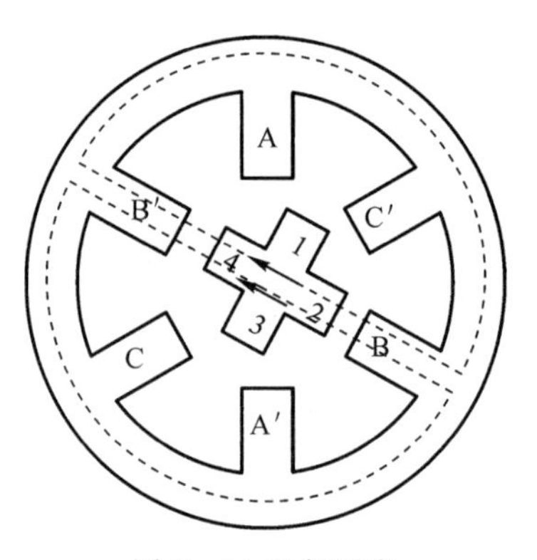

图 3-3 B 相通电

3)C 相通电再转 30°(见图 3-4)。

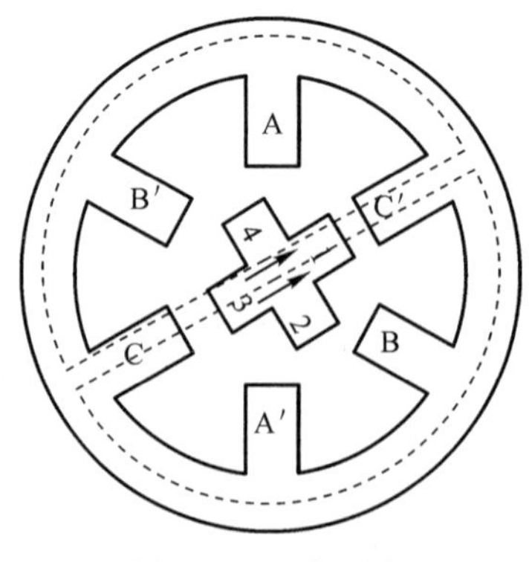

图 3-4 C 相通电

2.三相单双六拍

(1) 三相绕组中的通电顺序为 A→AB→B→BC→C→CA→A 或 A→AC→C→CB→B→BA。

它比三相单三拍控制方式步距角小一半，因而精度更高，且转换过程中始终保证有一个绕组通电，工作稳定，因此这种方式被大量采用。

(2)工作过程。

1)A 相通电，转子 1、3 齿和 A 相对齐(见图 3－5)。

图 3－5　A 相通电

2)A、B 相同时通电。

A. BB′ 磁场对 2、4 齿有磁拉力，该拉力使转子顺时针方向转动。

B. AA′ 磁场继续对 1、3 齿有拉力。

所以转子转到两磁拉力平衡的位置上。相对 AA′ 通电，转子转了 15°(见图 3－6)。

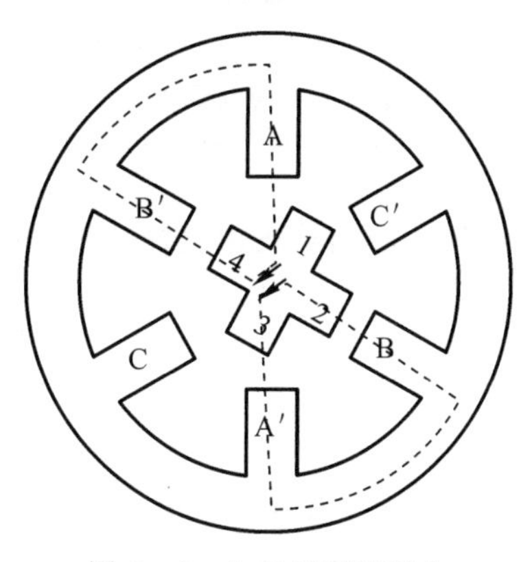

图 3－6　A、B 相同时通电

3)B 相通电，转子 2、4 齿和 B 相对齐，又转了 15°(见图 3－7)。

总之，每个循环周期，有六种通电状态，所以称为三相六拍，步距角为 15°。

3.三相双三拍

(1) 三相绕组中的通电顺序。通电顺序为 AB→BC→CA 或 AC→CB→BA。

由于双三拍控制每次有二相绕组通电，而且切换时总保持一相绕组通电，所以工作比较稳定。

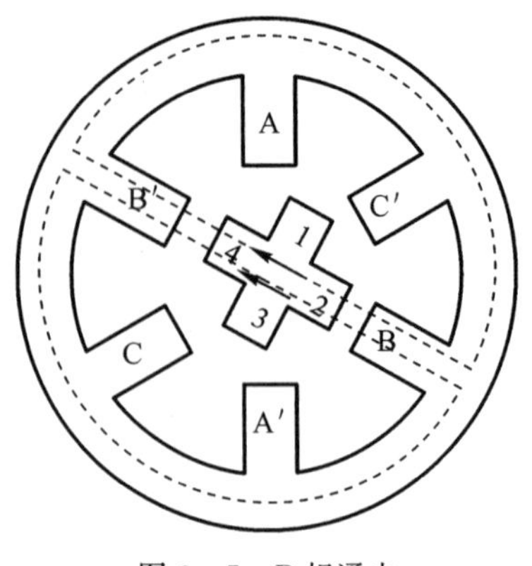

图 3-7　B相通电

(2) 工作过程。工作方式为三相双三拍时，每通入一个电脉冲，转子也是转 30°，即 θ_s＝30°(见图 3-8)。

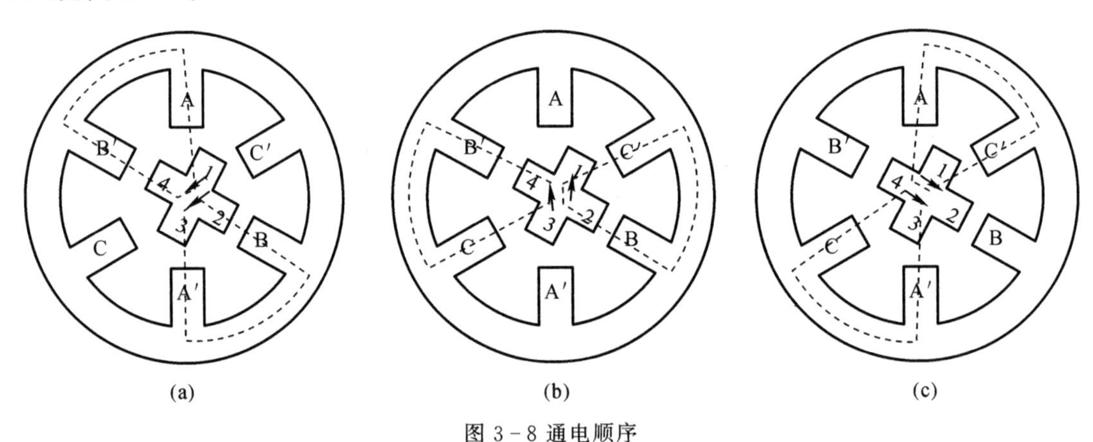

图 3-8 通电顺序

(a) AB 通电；(b) BC 通电；(c) CA 通电

以上三种工作方式，三相双三拍和三相单双六拍较三相单三拍稳定，因此较常采用。

3.1.3　步距角和转速

1.步距角

步进电机的定子绕组每改变一次通电状态，转子转过的角度称为步距角。

转子齿数越多，步距角 θ_b 越小；定子相数越多，步距角 θ_b 越小；通电方式的节拍越多，步距角 θ_b 越小，则有

$$\theta_b=\frac{360°}{mZC} \tag{3-2}$$

式中：m——定子相数；

Z——转子齿数；

C——通电方式(C＝1，单相轮流通电、双相轮流通电方式；C＝2，单、双相轮流通电方式)。

常用步进电机的定子绕组多数是三相和五相，与此相匹配的转子齿数分别为 40 齿和 48

齿，即三相步进电机：

$$\theta_b = \frac{360^\circ}{mZC} = \frac{360^\circ}{3 \times 40 \times 1(2)} = 3^\circ(1.5^\circ) \tag{3-3}$$

五相步进电机：

$$\theta_b = \frac{360^\circ}{mZC} = \frac{360^\circ}{5 \times 48 \times 1(2)} = 1.5^\circ(0.75^\circ) \tag{3-4}$$

2.转速

每输入一个脉冲，电机转过整个圆周的 $1/(Z_r N)$，也就是 $1/(Z_r N)$转。因此每分钟转过的圆周数(即转速)为

$$n = \frac{60f}{Z_r N} = \frac{60f \times 360^\circ}{360^\circ Z_r N} = \frac{\theta_s}{6^\circ} f \qquad (\text{r/min}) \tag{3-5}$$

步距角一定时，通电状态的切换频率越高(即脉冲频率越高时)，步进电动机的转速越高。脉冲频率一定时，步距角越大(即转子旋转一周所需的脉冲数越少时)，步进电动机的转速越高。

3.2　直流伺服电机工作原理

伺服电机又称为执行电机，它在自动控制系统中作为执行元件，其任务是将输入的电信号转换为轴上的转角或转速，以带动控制对象。按电流种类的不同，伺服电机可分为交流和直流伺服电机两种，它们的最大特点是转矩和转速受信号电压控制。当信号电压的大小和极性发生变化时，电机的转动方向将非常灵敏和准确地跟着变化。因此，它与普通电机相比具有下述特点。

(1)调速范围宽广，即要求伺服电动机的转速随着控制电压改变，能在宽广的范围内连续调节。

(2)转子的惯性小，响应快速，随控制电压改变的反应很灵敏，即能实现迅速启动、停转。

(3)控制功率小，过载能力强，可靠性好。

各种伺服电机的特点见表 3-1。

表 3-1　各种伺服电机的特点

名　称	励磁方式	产品型号	结构特点	性能特点	适用范围
一般直流伺服电动机	电磁或永磁	SZ 或 SY	与普通直流电机相同，但电枢铁芯长度与直径之比大一些，气隙较小	具有下垂的机械特性和线性的调节特性，对控制信号响应快速	一般直流伺服系统
无槽电枢直流伺服电动机	电磁或永磁	SWC	电枢铁芯为光滑圆柱体，电枢绕组用环氧树脂粘在电枢铁芯表面，气隙较大	具有一般直流伺服电动机的特点，而且转动惯量和机电时间常数小，换向良好	需要快速动作、功率较大的直流伺服系统

续表

名　称	励磁方式	产品型号	结构特点	性能特点	适用范围
空心杯形电枢直流伺服电动机	永磁	SYK	电枢绕组用环氧树脂浇注成杯形，置于内、外定子之间，内、外定子分别用软磁材料和永磁材料做成	具有一般直流伺服电动机的特点，转动惯量和机电时间常数小，低速运行平滑，换向好	需要快速动作的直流伺服系统
印刷绕组直流伺服电动机	永磁	SN	在圆盘形绝缘薄板上印制裸露的绕组构成电枢，磁极轴向安装	转动惯量小，机电时间常数小，低速运行性能好	低速和启动、反转频繁的控制系统
无刷直流伺服电动机	永磁	SW	由晶体管开关电路和位置传感器代替电刷和换向器，转子用永久磁铁做成，电枢绕组在定子上且做成多相式	既保持了一般直流伺服电动机的优点，又克服了换向器和电刷带来的缺点。寿命长，噪声低	要求噪声低，对无线电不产生干扰的控制系统

3.3　无刷直流电机 PID 控制技术

无刷直流电动机常用的转速控制方法大多采用闭环自动控制技术，是基于反馈的概念以减少不确定性。反馈理论的要素包括三个部分：测量、比较和执行。测量关心的是被控变量的实际值与期望值相比较，用这个偏差来纠正系统的响应，执行调节控制。在工程实际中，应用最为广泛的调节器控制规律为比例、积分、微分控制，简称 PID 控制，又称 PID 调节。

3.3.1　PID 控制基本原理

将偏差的比例(Proportion)、积分(Integration)、微分(Differentiation)通过线性组合构成控制量，并用这一控制量对被控对象进行控制的技术就称为 PID 控制。PID 控制器是一个在工业控制应用中常见的反馈回路部件，由比例单元 P、积分单元 I 和微分单元 D 组成，其工作原理是根据系统的误差，利用比例、积分、微分计算出控制量进行控制。由于 PID 控制器具有简单易懂、算法检定、鲁棒性好、可靠性高、参数易整定，以及使用中不需要精确的系统模型等先决条件，它作为最早实用化的控制器已有近百年历史，现在仍然是应用最广泛的工业控制器。其控制系统典型结构如图 3-9 所示。

图 3-9 中 $r(t)$是给定值，$c(t)$是系统的实际输出值，给定值与实际输出值之差构成控制误差 $e(t)$，有

$$e(t)=r(t)-c(t) \tag{3-6}$$

标准 PID 控制器的基本原理是根据设定值与实际值之间的偏差 $e(t)$，按比例-积分-微分的线性组合关系构成控制量 $u(t)$，利用控制量 $u(t)$再对控制对象进行控制。连续控制系统 PID 控制规律形式为

$$u(t)=K_{\mathrm{P}}\left[e(t)+\frac{1}{T_{\mathrm{I}}}\int_{0}^{t}e(t)\mathrm{d}t+T_{\mathrm{D}}\frac{\mathrm{d}e(t)}{\mathrm{d}t}\right] \tag{3-7}$$

式中:K_{P} 为比例增益常数;T_{I} 为积分增益/时间常数;T_{D} 为微分增益/时间常数。

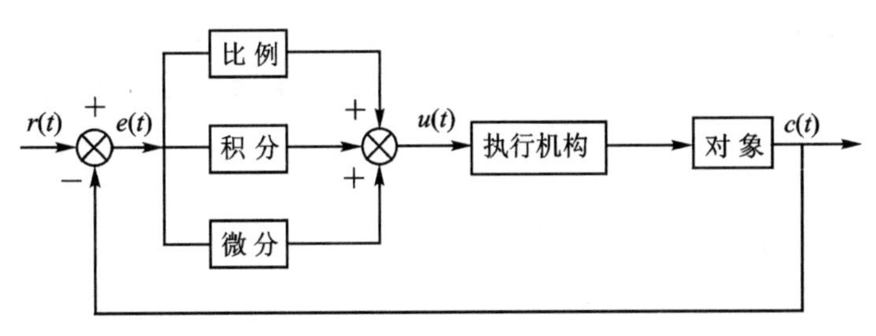

图3-9　PID控制系统结构图

有些应用只需要PID控制器的部分单元,将不需要单元的参数设为零即可。因此PID控制器可以变成PI控制器、PD控制器、P控制器或I控制器。其中又以PI控制器比较常用,因为D控制器对系统噪声十分敏感,但没有I控制器的话,系统一般不会回到参考值,而存在一个稳定的误差量。

1.比例(P)控制

比例控制输出的数学表达式为

$$P_{\mathrm{out}}=K_{\mathrm{P}}e(t) \tag{3-8}$$

比例控制是一种最简单的控制方式,控制器的输出与输入误差信号成比例关系。当仅有比例控制时系统输出存在稳态误差。在模拟PID控制器中,比例环节的作用是对偏差瞬间做出反应。偏差一旦产生,控制器立即产生控制作用,使控制量向减少偏差的方向变化。控制作用的强弱取决于比例系数。比例系数越大,控制作用越强,则过渡过程越快,控制过程的静态偏差也就越小。但是比例系数越大,也越容易产生振荡,破坏系统的稳定性。因此,比例系数必须选择恰当,才能使得过渡时间较短,达到静态偏差小而又稳定的效果。

比例控制在误差为零时其输出也会为零。若要让受控输出为非零的数值,就需要有一个稳态误差或偏移量。稳态误差和比例增益成正比,和受控系统本身的增益成反比。若加入一个偏置,或是积分控制,可以消除稳态误差。

2.积分(I)控制

积分控制输出的数学表达式为

$$I_{\mathrm{out}}=\frac{K_{\mathrm{P}}}{T_{\mathrm{I}}}\int_{0}^{t}e(t)\mathrm{d}t \tag{3-9}$$

从积分控制的数学表达式可以知道,只要存在偏差,则它的控制作用就不断增加。只有在偏差为零时,它的积分才能是一个常数,控制作用才是一个不会增加的常数。可见积分控制可以消除系统的偏差。

在积分控制中,控制器的输出与输入误差信号的积分成正比关系。对于一个自动控制系统,如果在进入稳态后存在稳态误差,则称这个控制系统是有稳态误差的或简称有差系统。为了消除稳态误差,在控制器中必须引入“积分项”。积分项的误差取决于时间的积分,随着时间的增加,积分项会增大。这样即便误差很小,积分项也会随着时间的增加而加大,它推动控制器的输出增大使稳态误差进一步减小,直到等于零。因此,比例+积分(PI)控制器可以使系统在进入稳态后无稳态误差。

积分环节的调节作用虽然会消除静态误差，但也会降低系统的响应速度，增加系统的超调量。积分常数越大，积分的积累作用越弱。这时，系统在过渡时不会产生振荡。但是，增大积分常数会减缓静态误差的消除过程。消除偏差所需的时间也较长，但可以减少超调量，提高系统的稳定性。当积分常数较小时，积分的作用较强。这时系统过渡时间中有可能产生振荡，不过消除偏差所需的时间较短，所以必须根据实际控制的具体要求来确定积分系统。

3.微分(D)控制

微分控制输出的数学表达式为

$$D_{out}=K_PT_D\frac{de(t)}{dt} \tag{3-10}$$

在微分控制中，控制器的输出与输入误差信号的微分(即误差的变化率)成正比关系。自动控制系统在克服误差的调节过程中可能会出现振荡甚至失稳。其原因是存在较大惯性或滞后组件，具有抑制误差的作用，其变化总是落后于误差的变化。解决的办法是使抑制误差的作用的变化“超前”，即在误差接近零时，抑制误差的作用就应该是零。这就是说，在控制器中仅引入“比例”项往往是不够的，比例项的作用仅仅是放大误差的幅值，而目前需要增加的是“微分”项，它能预测误差变化的趋势，这样比例＋微分(PD)控制器就能够提前使抑制误差的控制作用等于零，甚至为负值，从而避免了被控量的严重超调。所以对有较大惯性或滞后的被控对象，比例＋微分(PD)控制器能改善系统在调节过程中的动态特性。

微分控制的作用由微分增益/时间常数决定。微分常数越大，它抑制偏差变化的作用越强；微分常数越小则其反抗偏差变化的作用越弱。微分控制显然对系统稳定有很大的作用。适当地选择微分常数，可以使微分作用达到最优。虽然微分控制可以提升整定时间及系统稳定性，不过因为纯微分器不是因果系统，因此在 PID 系统实现时，一般会为微分控制器加上一个低通滤波器，以限制高频增益和噪声。实际应用上较少用到微分控制，估计 PID 控制器中只有约 20%用到了微分控制。

3.3.2 数字式 PID 控制算法

计算机出现后，人们将模拟 PID 控制规律引入到计算机中来。对式(3-7)的 PID 控制规律进行适当的变换，就可以用软件实现 PID 控制，即数字 PID 控制。数字式 PID 控制算法可以分为位置式 PID 和增量式 PID 控制算法。

1.位置式 PID 算法

由于计算机控制是一种采样控制，它只能根据采样时刻的偏差计算控制量，而不能像模拟控制那样不断输出控制量进行连续控制。由于这一特点，式(3-7)中的积分项和微分项不能直接使用，必须进行离散化处理。离散化处理的方法是，以 T 作为采样周期，k 作为采样序号，则离散采样时间 kT 对应着连续时间 t。用矩形法数值积分近似代替积分，用一阶后向差分近似代替微分，可进行以下近似变换，有

$$t\approx kT \tag{3-11}$$

$$\int_0^t e(t)\mathrm{d}t\approx T\sum_{j=0}^{k}e(jT)-T\sum_{j=0}^{k}e_j \tag{3-12}$$

$$\frac{\mathrm{d}e(t)}{\mathrm{d}t} \approx \frac{e(kT)-e[(k-1)T]}{T}=\frac{e_k-e_{k-1}}{T} \tag{3-13}$$

为了表示方便，将类似于 $e(kT)$ 的函数简化为 e_k 等。则可得到离散的 PID 表达式为

$$u_k=K_\mathrm{P}\left(e_k+\frac{T}{T_\mathrm{I}}\sum_{j=0}^{k}e_j+T_\mathrm{D}\frac{e_k-e_{k-1}}{T}\right) \tag{3-14}$$

$$u_k=K_\mathrm{P}e_k+K_\mathrm{I}\sum_{j=0}^{k}e_j+K_\mathrm{D}(e_k-e_{k-1}) \tag{3-15}$$

式中，$k(k=0,1,2,\cdots,j)$为采样序号；u_k 为第 k 次采样时刻的计算机输出值；e_k 为第 k 次采样时刻输入的偏差值；e_{k-1} 为第 $k-1$ 次采样时刻输入的偏差值；K_I 为积分系数；K_D 为微分系数。

如果采样周期足够小，则式(3-14)或式(3-15)的近似计算可以获得足够精确的结果，且离散控制过程与连续过程十分接近。式(3-14)或式(3-15)表示的控制算法直接按所给出的 PID 控制规律进行计算，所以它给出了全部控制量的大小。因此，该算法被称为全量式或位置式 PID 控制算法。

这种算法的缺点是，由于全量输出，所以每次输出均与过去状态有关。计算时要对 e_k 进行累加，工作量大。又因为计算机输出的 u_k 对应的是执行机构的实际位置，一旦计算机出现故障，输出的 u_k 将大幅度变化，从而会引起执行机构的大幅度变化。这样有可能造成严重的生产事故，在实际生产中是不允许的。增量式 PID 控制算法就可以避免这种现象的发生。

2.增量式 PID 算法

所谓增量式 PID 是指数字控制器的输出只是控制量的增量 Δu_k。当执行机构需要的控制量是增量，而不是位置量的绝对数值时，可以使用增量式 PID 控制算法进行控制。

增量式 PID 控制算法可以通过式(3-13)推导得出，经过整理，可得

$$\Delta u=u_k-u_{k-1}=K_\mathrm{P}\left(1+\frac{T}{T_\mathrm{I}}+\frac{T_\mathrm{D}}{T}\right)e_k-K_\mathrm{P}\left(1+\frac{2T_\mathrm{D}}{T}\right)e_{k-1}+K_\mathrm{P}\frac{T_\mathrm{D}}{T}e_{k-2}=$$
$$Ae_k+Be_{k-1}+Ce_{k-2} \tag{3-16}$$

式中：$A=K_\mathrm{P}\left(1+\frac{T}{T_\mathrm{I}}+\frac{T_\mathrm{D}}{T}\right)$；$B=-K_\mathrm{P}\left(1+\frac{2T_\mathrm{D}}{T}\right)$；$C=K_\mathrm{P}\frac{T_\mathrm{D}}{T}$

由式(3-16)可以看出，如果计算机控制系统采用恒定的采样周期 T，一旦确定了 A、B、C，则只要使用前后三次测量的偏差值，就可以由式(3-16)求出控制量。

增量式 PID 控制算法与位置式 PID 算法相比，计算量小得多，因此在实际中得到广泛应用。而位置式 PID 控制算法也可以通过增量式控制算法推出递推计算公式，有

$$u_k=u_{k-1}+\Delta u \tag{3-17}$$

式(3-17)就是目前在计算机控制中大量使用的数字递推 PID 控制算法。

3.3.3　PID 参数调试

1.PID 参数调试的基本概念

PID 的参数调试是指通过调整控制参数(比例增益常数、积分增益/时间常数、微分增益/

时间常数)让系统达到最佳的控制效果。稳定性(不会有发散性的振荡)是首要条件。此外,不同系统有不同的行为,不同的应用其需求也不同,而且这些需求还可能会互相冲突。PID 只有三个参数,在原理上容易说明,但 PID 参数调试是一项困难的工作,因为要符合一些特别的判据,而且 PID 控制有其限制存在。历史上有许多不同的 PID 参数调试方式,包括齐格勒-尼科尔斯方法等,其中也有一些已申请专利。

PID 控制器的设计及调试在概念上很直接,但若有多个且互相冲突的目标(如高稳定性和快速的暂态时间)都要达到的话,在实际上很难完成。PID 控制器的参数若仔细调试会有很好的效果;相反,若调试不当则效果会很差。一般初始设计常需要不断地进行环路模型仿真,并且修改参数,直到达到理想的性能或是可以接受的偏差为止。有些系统有非线性的特性,若是在无负载条件下调试的参数可能无法在满负载的情况下正常工作。对这样的系统,可以利用增益规划的方式进行修正(在不同的条件下选用不同的数值)。

(1)稳定性。若 PID 控制器的参数未挑选妥当,则其控制器输出可能就是不稳定的,也就是其输出发散过程中可能有振荡,且其输出只受饱和或是机械损坏等原因所限制。不稳定一般是由过大增益造成的,特别是针对环路延迟时间很长的系统。一般而言,PID 控制器会要求响应的稳定,不论程序条件及设定值如何组合,都不能出现大幅度振荡的情形,但有时可以接受临界稳定的情形。

(2)最佳性能。PID 控制器两个基本的需求是调整能力(抑制扰动,使系统维持在设定值)及命令追随(设定值变化下控制器输出追随设定值的反应速度)。有关命令追随的一些判据包括上升时间及整定时间。有些应用可能基于安全考虑,不允许输出超过设定值,也有些应用要求在到达设定值过程中的能量消耗可以最小化。

2.PID 参数调试的效果指标

(1)上升时间。上升时间是受控对象的输出从零到第一次增加到稳态输出值所消耗的时间(或输入从 10%增加到 90%所消耗的时间)。

(2)超调量。超调量是指在响应过程中,超出稳态值的最大偏离量与稳态值之比,即

$$\sigma=\frac{y_{\max}-y_{\infty}}{y_{\infty}}\times 100\% \tag{3-18}$$

(3)调节时间。调节时间是输出曲线最终收敛于稳态值(5%以内)所用的时间。

(4)稳态误差。稳态误差是指稳态值与参考信号输入值之差。

PID 三个参数增加的影响见表 3-2。

表 3-2 PID 三个参数(K_P、T_I、T_D)增加的影响

参数调整	上升时间	超调量	调节时间	稳态误差	系统稳定性
K_P 增加	减小	增加	小幅度减小	减小	下降
T_I 增加	小幅度减小	增加	增加	大幅度减小	下降
T_D 增加	小幅度减小	减小	减小	几乎不变	提高

3.PID 调试的内容

P、I、D 三个参数的内容为以下三点。

(1) P:比例控制系统的响应快速性,快速作用于输出。

(2) I:积分控制系统的准确性,消除过去的累计误差,回到准确轨道。

(3) D:微分控制系统的稳定性,具有超前控制作用。

在参数调试的时候,所要实现的任务就是在系统结构允许的情况下,在这三个参数之间权衡调整,达到最佳控制效果,实现稳、快、准的控制特点。

4.PID参数调试的步骤

(1) 把P、I和D参数都归零或取默认值。

(2) 逐步增大P,一直到输出响应发生振荡,再稍微减小一点P。

(3) 稍微加入一点积分信号,用于修正存在的稳态误差。

(4) 加入少量的D看看效果。注意:一些控制器会尽量避免使用D,因为微分项对测量噪声非常敏感,在传感器测量信号本身有较大噪声,且后期信号滤波处理并不好的情况下,应该尽量减少D的使用,否则反而会造成系统的不稳定。

(5) 如果加入D后对输出响应有改善效果,则可以适当增加D,同时调整P,使得上升时间较小且超调量较小或无超调。

(6) 反复调整P、I和D的值,直到输出响应达到最佳效果。

3.3.4　PID算法的修改

基本的PID算法在一些控制应用的条件下有些不足,需要进行小幅的修改。

1.积分饱和

积分饱和是指如果执行机构已经到极限位置仍然不能消除偏差时,由于积分作用,尽管PID差分方程式所得到的运算结果继续增大或减小,但执行机构已无相应的动作,积分饱和是理想PID算法实现时常见的问题。若设定值有大的变动,则其积分量会有大幅的变化,大到输出值被上、下限限制而饱和,因此系统会有过冲,而且即使误差量符号改变,积分量变小,但输出值仍被上、下限限制,维持在上限(或下限),因此输出看似没有变化,系统仍会持续地过冲,一直到输出值落在上、下限的范围内,系统的反馈值才会开始下降,此问题可以用以下方式处理。

(1)在控制变量离开可控制范围时,暂停积分。

(2)让积分值限制在一个较小的上、下限范围内。

(3)重新计算积分项,使控制器输出维持在上、下限之间的范围内。

2.串级PID控制器

两个PID控制器可以组合在一起得到更佳的效果,这种方法称为串级PID控制。两个PID控制器中的一个PID控制器负责外回路,控制多旋翼无人机的飞行高度和水平位置等主要物理量,另一个PID控制器负责内回路,以外回路PID控制器的输出作为其目标值,控制快速变化的飞行姿态角参数等。

实际工作中,串级PID控制器内、外回路控制器的参数可能会差很多,外回路的PID控制器有较大的时间常数,对应所有的飞行高度和水平位置控制需要的时间,内回路的PID控制器反应会比较快。每个控制器可以调整到符合其真正控制期望的系统,从而提高多旋翼无人机的自主飞行控制系统的工作效率,即采用串级PID控制器的主要优点是可以增加控制器的工作频率,减小其控制响应时间常数。

3.4 控制电机的应用

3.4.1 无人机舵机

1.舵机控制原理

舵机最早出现在航模运动中。在航空模型中，飞行机的飞行姿态是通过调节发动机和各个控制舵面来实现的。以简单的四通飞机为例，飞机上有以下几个地方需要控制：

(1) 发动机进气量，用来控制发动机的拉力(或推力)；

(2) 副翼舵面(安装在飞机机翼后缘)，用来控制飞机的横滚运动；

(3) 水平尾舵面，用来控制飞机的俯仰角；

(4) 垂直尾舵面，用来控制飞机的偏航角。

不仅在航模飞机中，在其他模型运动中都可以看到它的应用：船模上用来控制尾舵，车模中用来转向等。由此可见，凡是需要操作性动作时都可以用舵机来实现控制。

2.舵机的组成

一般来讲，舵机主要由以下几个部分组成：输出轴、减速齿轮组、电位器、直流电机、电机控制电路等，如图 3-10 和图 3-11 所示。

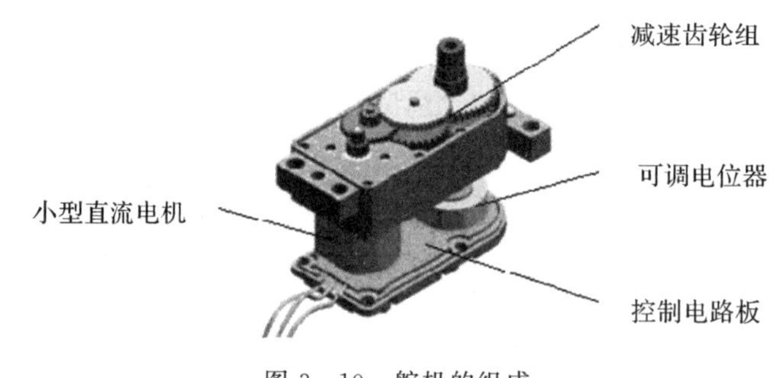

图 3-10 舵机的组成

舵机的输入线共有三条，如图 3-12 所示，中间红色的是电源线，一边黑色的是地线，这两根线给舵机提供了最基本的能源保证，主要是电机的转动消耗。电源有两种规格，一是4.8 V，一是 6.0 V，分别对应不同的转矩标准，即输出力矩不同，6.0 V 对应的要大一些，具体看应用条件。另外一根线是控制信号线，Futaba 的一般为白色，JR 的一般为桔黄色。另外要注意一点，SANWA 的某些型号的舵机引线电源线在边上而不是中间，需要辨认。

3.舵机的工作原理

控制电路板接收来自信号线的控制信号，控制电机转动，电机带动一系列齿轮组，减速后传动至输出舵盘。舵机的输出轴和位置反馈电位计是相连的，舵盘转动的同时，带动位置反馈电位计，电位计将输出一个电压信号到控制电路板，进行反馈，然后控制电路板根据所在位置决定电机转动的方向和速度，从而达到目标停止。其工作流程为控制信号→控制电路板→电机转动→齿轮组减速→舵盘转动→位置反馈电位计→控制电路板反馈。

舵机的控制信号为周期为 20 ms 的脉宽调制(PWM)信号，其中脉冲宽度为 0.5～2.5 ms，相对应的舵盘位置为 0°～180°，成线性变化。也就是说，给它提供一定的脉宽，它的输出轴就会保持在一定的对应角度上，无论外界转矩怎么改变，直到给它提供一个另外宽度的脉冲信号，它才会改变输出角度到新的对应位置上(见图 3－13)。舵机内部有一个基准电路，产生周期为 20 ms、宽度为 1.5 ms 的基准信号；有一个比较器，将外加信号与基准信号相比较，判断出方向和大小，从而产生电机的转动信号。由此可见，舵机是一种位置伺服驱动器，转动范围不能超过 180°，适用于那些需要不断变化并可以保持的驱动器，比如说机器人的关节、飞机的舵面等。

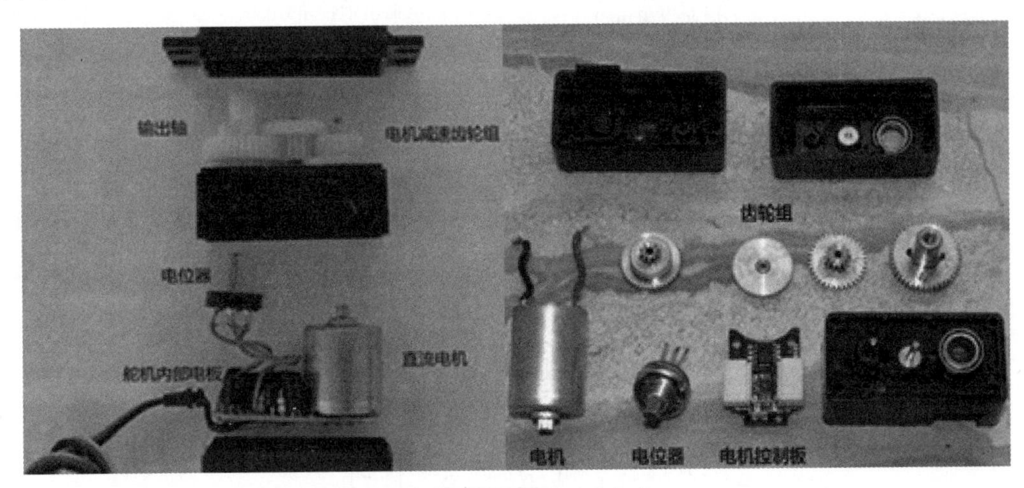

图 3－11　舵机的组成部件

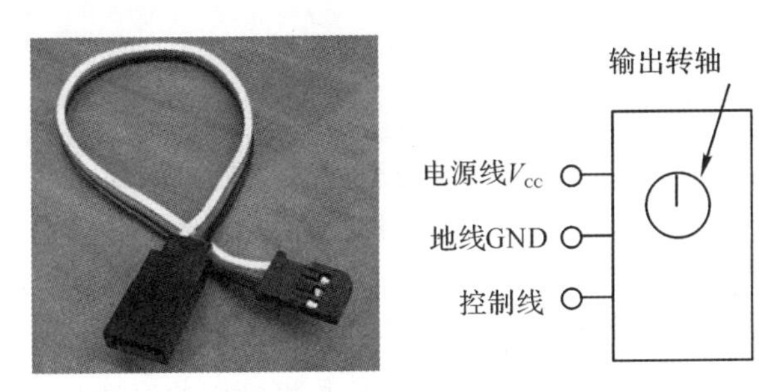

图 3－12　舵机的输入线

4.舵机的参数

市场上的舵机有塑料齿、金属齿、小尺寸、标准尺寸、大尺寸，另外还有薄的标准尺寸舵机及低重心的型号。小舵机一般称为微型舵机，扭力都比较小，市面上 2.5 g、3.7 g、4.4 g、7 g、9 g等舵机指的是舵机的质量分别是多少克，体积和扭力也是逐渐增大。微型舵机内部多数都是塑料齿，9 g 舵机有金属齿的型号，扭力也比塑料齿的要大些。Futaba S3003、辉盛 MG995 是标准舵机，体积差不多，但前者是塑料齿，后者是金属齿，两者标称的扭力也差很多。

除了体积、外形和扭力的不同选择，舵机的反应速度和虚位也要考虑，一般舵机的标称反应速度常见的有 0.22 s/60°、0.18 s/60°，好一些的舵机有 0.12 s/60°等，数值小反应就快。

厂商所提供的舵机规格资料，都会包含外形尺寸(mm)、扭力(kg/cm)、速度(s/60°)、测试电压(V)及质量(g)等基本资料。扭力的单位是 kg/cm，意思是在摆臂长度 1 cm 处，能吊起几千克重的物体。这就是力臂的概念，因此摆臂长度越长，则扭力越小。速度的单位是 s/60°，意思是舵机转动 60°所需要的时间。电压会直接影响舵机的性能，例如 Futaba S－9001 在 4.8 V 时扭力为 3.9 kg/cm，速度为 0.22 s/60°；在 6.0 V 时扭力为 5.2 kg/cm，速度为 0.18 s/60°。若无特别注明，JR 的舵机都是以 4.8 V 为测试电压，Futaba 的舵机则是以 6.0 V 作为测试电压。速度快、扭力大的舵机，除了价格贵，还会伴有高耗电的特点。因此在使用高级的舵机时，务必搭配高品质、高容量的电池，这样才能提供稳定且充裕的电量。

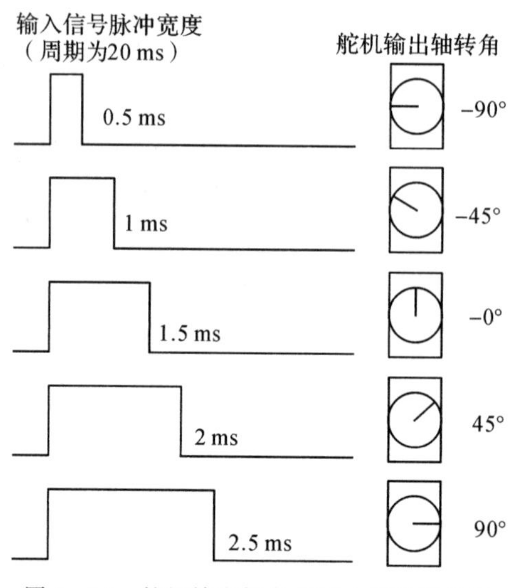

图 3－13　舵机输出转角与输入脉冲的关系

3.4.2　无人机增稳云台

无人机增稳云台是一种为实现目标物体姿态稳定控制的装置，也就是能够使物体在运动中保持其姿态的静止。增稳云台主要由三轴陀螺仪和三轴加速度传感器构成的 IMU 反馈系统和伺服电机两部分组成。三轴增稳云台在支撑臂上分布有三个伺服电机，分别负责前后、左右、上下三个方向的旋转。在商业航拍、空中摄影、空中巡航监视及滞空平台的实际工作中，大多数都必须使用云台来稳定摄像头的方向，以保持拍摄画面的清晰与稳定。

现在以 TAROT 公司的 T－2D 云台为例来讲解云台的工作原理与调试过程，其结构示意图及控制板电路如图 3－14 和图 3－15 所示。

1.功能和接口

（1）电源接口：DC 7.4～14.8 V。

（2）云台主控调参接口：通过 USB 转串口模块连接电脑，用于云台控制器调参和状态监视。

（3）电机驱动调参接口：通过 USB 转串口模块连接电脑，用于调整电机驱动模块的电机极数和功率及电压、电流监视。

（4）接收机拍照舵机输出接口：

1）R：普通接收机滚转输入；

2）T：普通接收机俯仰输入；

3）C：普通接收机模式输入（摇杆角度模式或速率模式）；

4)S:S－BUS 接收机通道或拍照输入通道;

5)P:拍照舵机输出(可连接红外拍照模块)。

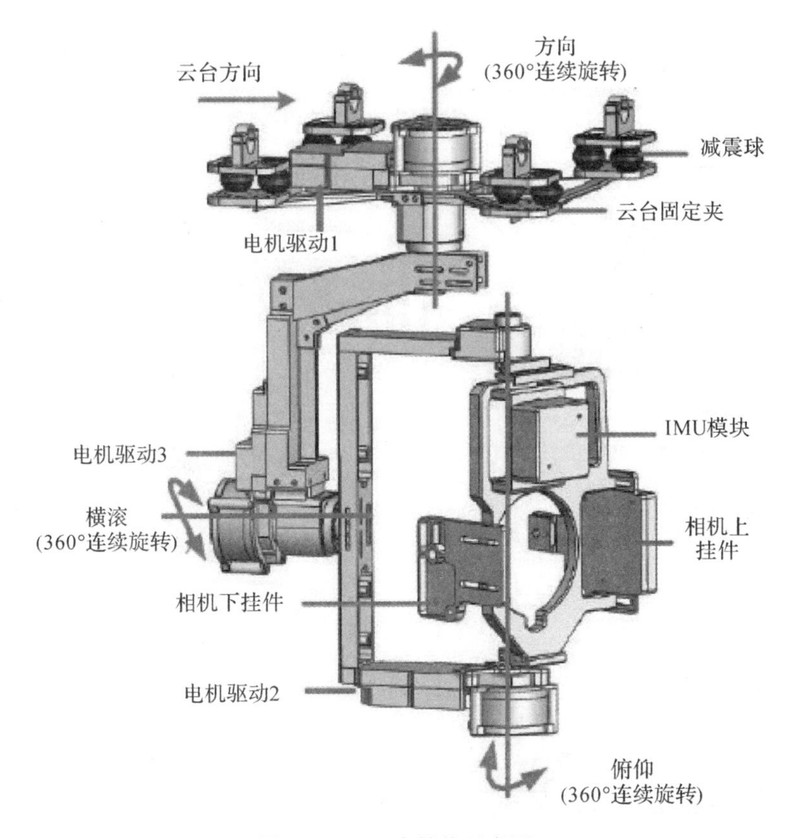

图 3－14　云台结构示意图

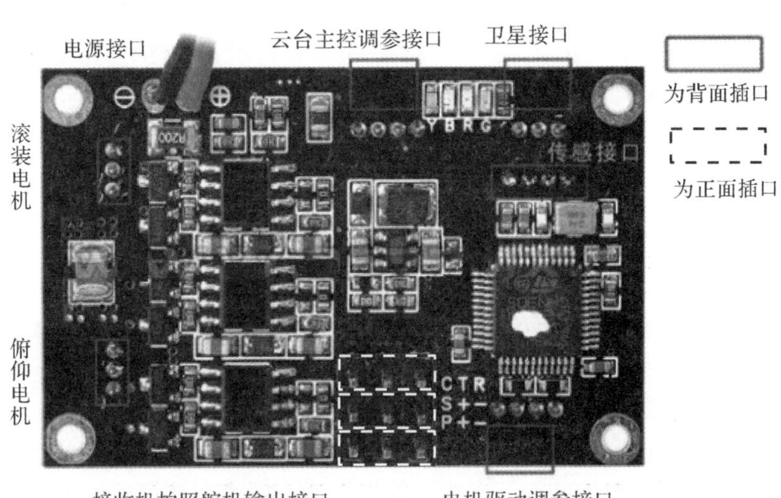

图 3－15　云台控制板电路

(5)卫星接口:用于连接卫星接收机。

(6)滚转电机和俯仰电机接口:用于连接电机。

(7)传感器接口:用于连接传感器。

2.视频连接线(见图3-16)

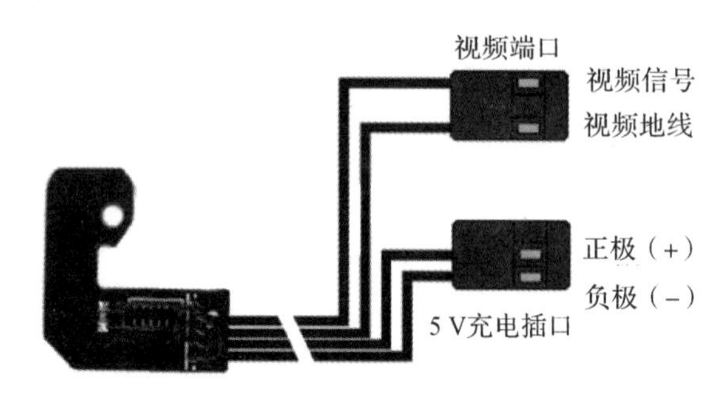

图3-16 云台视频连接线示意图

3.工作状态指示灯说明

(1)Y:黄灯;

(2)B:蓝灯;

(3)R:红灯;

(4)G:绿灯。

各工作状态指示灯具体指示功能见表3-3。

表3-3 工作状态指示灯功能

工作状态指示灯状态	指示功能
黄灯闪两下	初始化通过
黄灯常亮	初始化中,请保持云台静止
黄灯灭蓝灯闪	连接接收机或调参软件(正常工作)
黄灯灭蓝灯常亮	接收机未连接(正常工作)
红灯亮	角度超越或工作异常
绿灯亮	电流过大保护,排除故障后请重新上电

4.保护功能

(1)电源反接保护功能。当电源接反时云台没有反应,不会烧毁控制板,从而保护云台,提高可靠性。

(2)电机输出短路保护功能。当电机输出端短路时云台控制板会关闭电机输出并点亮绿灯,从而控制板不会被烧坏。当短路故障排除后必须重新上电才能解除保护。

(3)角度超限保护功能。当相机角度超过极限后,会自动关闭电机输出并点亮红灯,从而在意外情况下走线不会被缠绕扭断。故障排除后重新上电或在计算机端启动电机即可恢复。

5.调参软件使用说明

无刷云台控制器板采用双处理器方案,分为云台主控处理器和云台电机驱动处理器。

(1)云台主控调参界面说明。将附带的USB模块连接至云台主控调参接口,并将USB模块连接至计算机，双击打开 ZYX－BMGC.exe 文件，运行 ZYX－BMGC 调参软件，软件界面如图 3－17 所示。

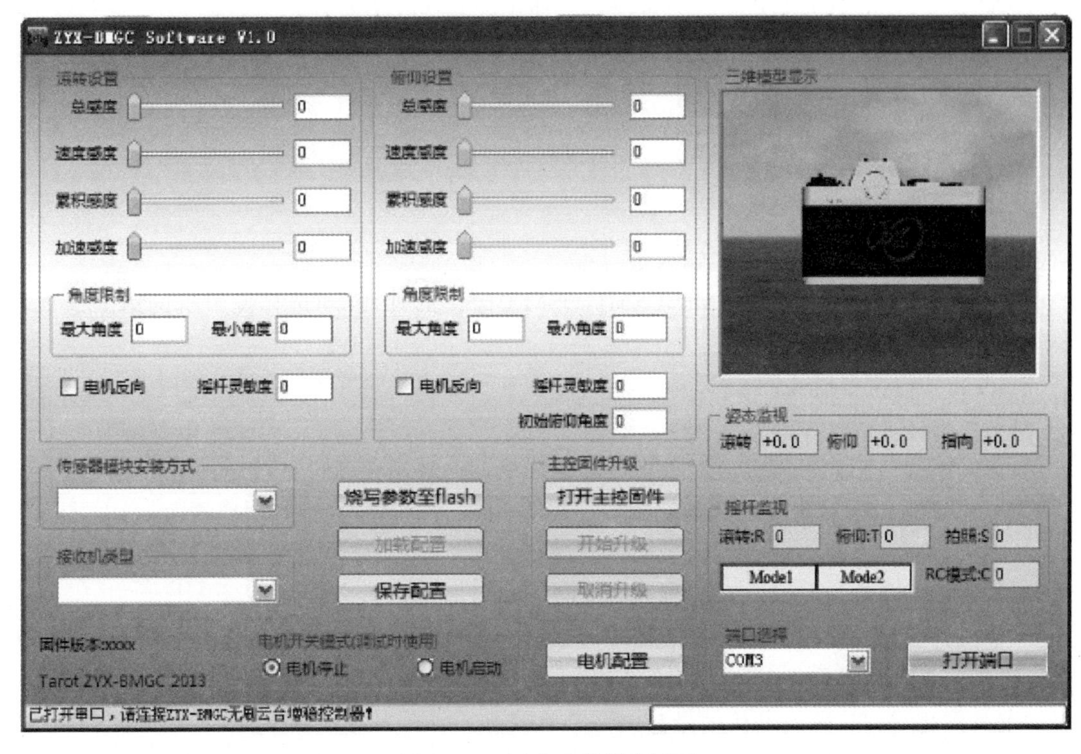

图 3－17　云台主控调参界面

1）打开端口。点击“端口选择”的下拉列表框，选择 USB 模块对应的端口号，然后点击“打开端口”按钮。成功打开端口后，再给云台通电，电压应保证云台正常工作。

2）云台主控模块连接状态。等待云台主控模块初始化成功后，软件界面状态提示栏显示“软件界面参数已更新”，表明云台主控模块已经成功连接。这时用手拨动云台任意轴，软件中“三维模型显示”界面即会显示当前摄像设备的姿态角度。为了方便用户配置参数，云台主控模块连接成功后会自动设置为“电机停止”模式。

3）传感器模块安装方式。根据传感器模块的安装方式，在软件的“传感器模块安装方式”中选择对应的安装方式，然后观察“三维模型显示”界面中相机模型是否能够正确反映云台上的摄像设备的真实运动。

4）接收机类型。将接收机连接至对应接口。选择对应的接收机类型，当接收机类型改变时，软件会弹出提示消息，请根据提示文字先点击“烧写参数至 flash”按钮，然后将云台重新通电，使接收机类型生效。

DSM2/DSMJ/DSMX 接收机类型说明：

DSM2－1：发射机为 DX7 等（使用 6、7 通道接收机对频）；

DSM2－2：发射机为 DX8、DX9 等（使用 6、7 通道接收机对频）；

DSM2－3：发射机为 DX8、DX9 等（使用 9 通道接收机对频）；

DSM2－4：发射机使用 DM8、DM9 高频头（使用 6、7 通道接收机对频）；

DSMJ：发射机为 DSMJ 制式(使用配套接收机对频)；

DSMX－1：发射机为 DX8 等 11 ms 模式(使用配套接收机对频)；

DSMX－2：发射机为 DX8 等 22 ms 模式(使用配套接收机对频)。

5)摇杆监视。选择完接收机类型并重新通电之后，打开遥控器，拨动摇杆，可以从摇杆监视界面观察对应的摇杆变化。

R：滚转摇杆输入量；

T：俯仰摇杆输入量；

S：拍照输入量；

C：摇杆速率模式和位置模式输入量。

当使用 S－BUS 接收机、DSM2/DSMJ/DSMX 接收机时，自动选择发射机的第 5 通道作为模式切换通道。

Mode1：摇杆速率模式；

Mode2：摇杆位置模式。

6)角度限制。用户根据需要对云台的滚转和俯仰的转动角度进行限制。滚转角度限制的范围为－45°～45°，俯仰角度限制的范围为－135°～90°。

7)电机方向。电机方向根据电机的转向进行选择。

8)初始俯仰角度为“摇杆速率”模式下云台上电后的初始角度。

9)电机开关模式。电机开关模式用于调试云台参数时关闭电机输出信号/开启电机输出信号，以保护云台和摄像设备。

“电机停止”模式：关闭电机信号；

“电机启动”模式：输出电机信号，并且开启姿态感应反馈，此时云台有增稳效果。

10)PID 参数调整。感度参数范围是[0,500]，基本规则为总感度不能为 0，速度感度和累积感度不能同时为 0。如果违反上述规则会关闭电机输出以保护云台及摄像设备。

11)烧写参数至 flash。在完成调试后，点击“烧写参数至 flash”按钮，以确保参数烧写至云台的 flash 中，云台下次通电时将自动从 flash 中加载该组参数。

(2)云台电机驱动调参界面说明。将附带的 USB 模块连接至云台电机驱动调参接口，并将 USB 模块连接至计算机，双击打开 ZYX－BMGC.exe 文件，运行 ZYX－BMGC 调参软件，点击“电机配置”按钮，弹出电机配置软件界面如图 3－18 所示。

1)打开端口。点击“端口号”选择的下拉列表框，选择 USB 模块对应的端口号，然后点击“打开端口”按钮。成功打开端口后，再给云台通电，电压应保证云台正常工作。

2)电机驱动模块连接状态。等待电机驱动模块初始化成功后，软件界面状态提示栏显示“软件界面参数已更新”，表明电机驱动模块已经成功连接，同时更新电机参数并显示电压和电流。

3)电机极数。电机极数是电机的磁极数目，该参数会影响电机的减速比和最高转速，通常情况下可以设置为与电机实际极数一致，如果为了达到某种性能，可以适当调节此参数与实际电机极数不一致。

4)电机功率。电机功率范围为 0%～100%，可根据负载情况进行调整。在同样负载的情况下，当电机功率增大后必须减小 PID 感度，相反电机功率减小后可以增大 PID 感度，因此在电机功率足够的情况下尽量减小电机功率可得到较大的 PID 感度，进而得到更好的增稳效果。但电机功率减小会降低云台抗扰动的能力。

5)信号监视。显示云台的供电电压及工作电流。电压值显示会比供电电压小 0.3 V 左右。

6)烧写参数至 flash。在完成调试后，请点击“烧写参数至 flash”按钮，以确保参数烧写至云台的 flash 中，云台下次通电时将自动从 flash 中加载该组参数。

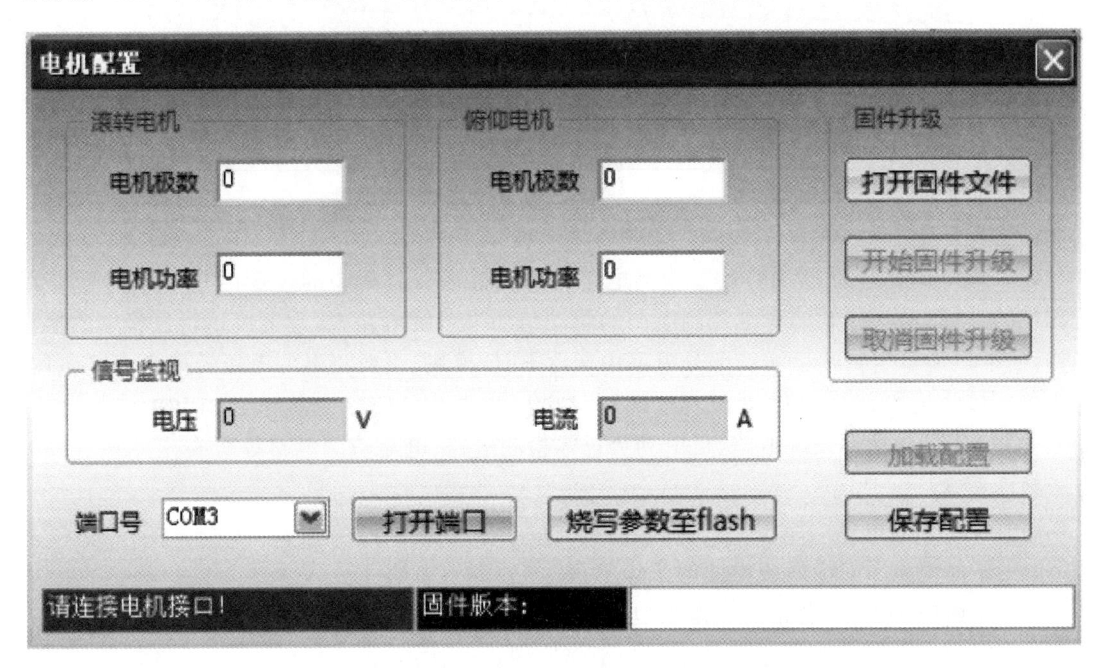

图 3-18　云台电机驱动调参界面

习　题　3

1.简述步进电机的工作原理。

2.步进电机有哪几种工作方式?

3.直流伺服电机有什么特性?

4.解释 PID 中的 P、I、D 三个参数的内容。

5.舵机由哪些部件组成? 各个部件的作用是什么?

第4章　无人机电调硬件电路分析

内容提示

无人机电调通过反电动势过零检测电路检测电机运行过程中的过零信号，经过MCU系统程序的处理，输出控制信号来控制电调的驱动与功率系统电路，实现电机运行过程中的换相操作，使电机能稳定持续运转。部分电调中包含BEC模块，主要将电源电压转换为5 V电压，为飞控或接收机等部件提供电源。电调硬件电路主要由MCU主控电路、PPM接收电路、BEC电路、驱动与功率系统电路、反电动势过零检测电路、电流检测电路等组成。

教学要求

(1) 理解无刷电调的结构图与工作原理。

(2) 了解电调MCU系统电路的工作原理。

(3) 了解电调BEC电路的工作原理。

(4) 了解电调驱动与功率系统电路的工作原理。

(5) 了解电调反电动势过零检测电路的工作原理。

(6) 了解电调电流检测与过流保护电路的工作原理。

内容框架

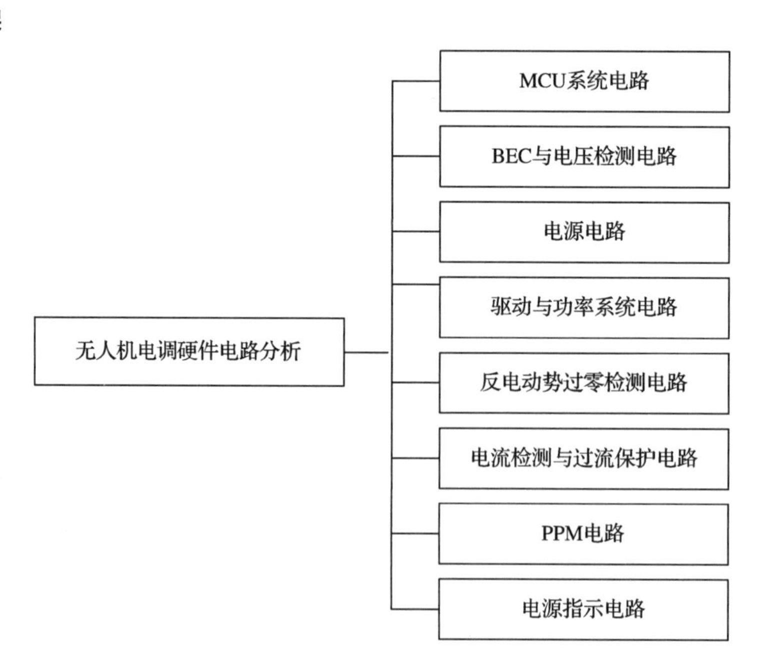

4.1　MCU 系统电路

4.1.1　STC8 系列单片机介绍

STC8 系列单片机是目前全球最快的 8051 单片机(相同时钟频率)，依次按顺序执行完全部的 111 条指令，STC8 系列单片机仅需 147 个时钟，而传统 8051 则需要 1 944 个时钟。STC8 系列单片机是 STC 生产的单时钟/机器周期(1*T*)的单片机，是宽电压/高速/高可靠/低功耗/强抗静电/较强抗干扰的新一代 8051 单片机，采用 STC 第八代加密技术，无法解密，指令代码完全兼容传统 8051，速度快 11.2～13.2 倍。

MCU 内部有 3 个可选时钟源：内部 24 MHz 高精度 IRC、内部 32 kHz 的低速 IRC、外部 4～33 MHz 晶振或外部时钟信号。用户代码中可自由选择时钟源，时钟源选定后经过 8 bit 的自由分频后再将时钟信号提供给 CPU 和各个外设。

MCU 提供了丰富的数字外设(4 个串口、5 个定时器、4 组 PCA、8 组增强型 PWM 以及 I^2C、SPI、CAN)接口与模拟外设(16 路×12 位 ADC、比较器)，可满足广大用户的设计需求。

STC8 主要有以下特性：

(1)超强抗干扰，无法解密；

(2)采用 STC 第八代加密技术；

(3)不需要外部晶振和外部复位的单片机；

(4)可省掉外部 EEPROM，利用 IAP 技术；

(5)ISP/IAP，在线编程，无需编程器/仿真器；

(6)大容量 2 KB SRAM；

(7)双串口，两个独立串口；

(8)高速 10 位 A/D 转换器，8 通道；

(9)1 个时钟/机器周期 8051；

(10)高速，高可靠；

(11)超低功耗，超低价；

(12)超强抗静电，超强抗干扰。

STC8 的资源见表 4-1。

表 4-1　STC8 的资源列表

工作电压/V	2.5～5.5
Flash 程序存储器/Byte	8 K
大容量/Byte	512
串行口并可掉电唤醒	1
SPI	有
普通定时器计数器 T0/T2 外部管脚也能掉电唤醒	2
CCP/PCA/PWM 并可掉电唤醒(还可当 3 路定时器使用)	3-ch

续表

掉电唤醒专用定时器	有
标准中断支持掉电唤醒	5
A/D 8 路(3 路 PWM 可当 3 路 D/A 使用)	10 - bit
比较器(可当 1 路 A/D 使用,可作外部掉电检测)	有
DPTR	1
EEPROM	5 K
内部低压检测中断并可掉电唤醒	有
看门狗	有
内部高可靠复位(可选复位门槛电压)	16 级
内部高精准时钟	有
可对外输出时钟及复位	是
程序加密后传输(防拦截)	有
可设下次更新程序需要口令	是
支持 RS485 下载	是

4.1.2　STC15W408AS 芯片引脚

STC15W408AS 芯片引脚如图 4 - 1 所示。

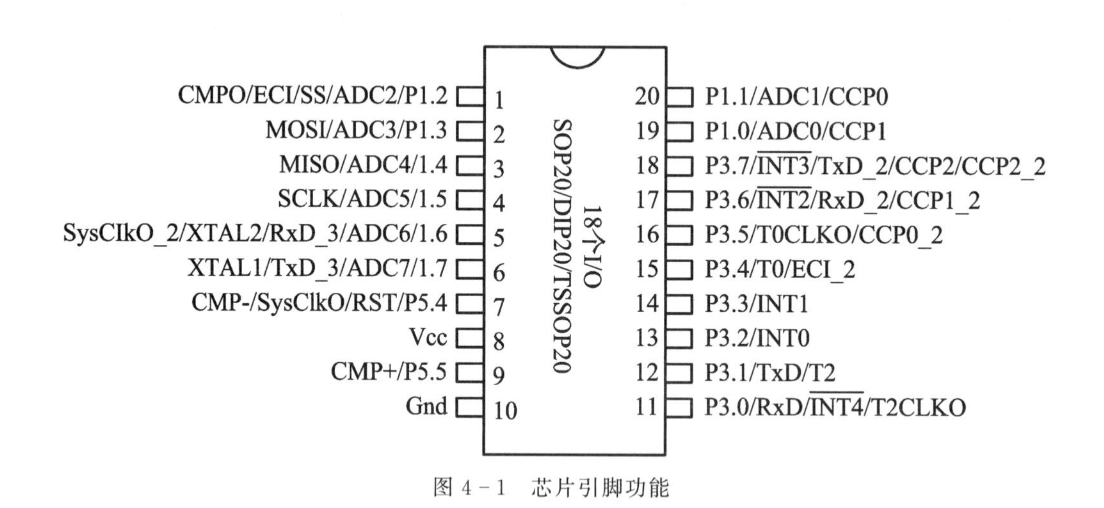

图 4 - 1　芯片引脚功能

4.1.3　STC15W408AS 引脚功能定义

本电调采用 STC15W408AS 单片机(见图 4 - 2)作为主控芯片,在电调中根据电路功能对部分引脚进行定义(见表 4 - 2)。

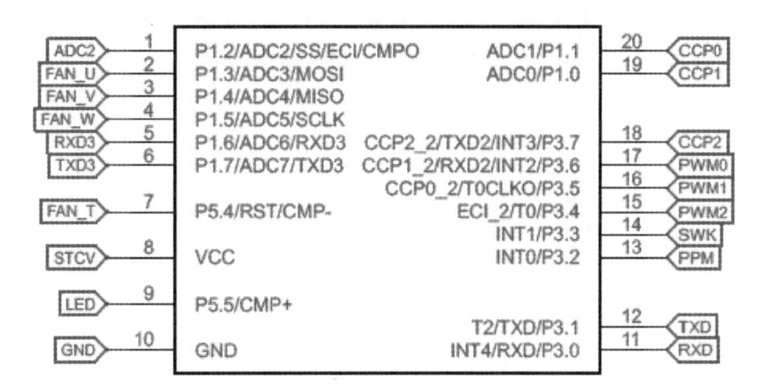

图 4-2　STC15W408AS 单片机

表 4-2　STC15W408AS 单片机引脚功能定义

端口引脚	功　能	端口引脚	功　能
P1.0	上桥臂 MOS 管 U+的控制信号输出	GND	芯片接地端
P1.1	上桥臂 MOS 管 V+的控制信号输出	VCC	芯片电源端
P3.7	上桥臂 MOS 管 W+的控制信号输出	P5.4	估测的中点电压
P3.6	下桥臂 MOS 管 U-的控制信号输出	P1.3	采集的中点电压
P3.5	下桥臂 MOS 管 V-的控制信号输出	P1.4	采集的中点电压
P3.4	下桥臂 MOS 管 W-的控制信号输出	P1.5	采集的中点电压
P3.2	PPM 信号输出	P1.6	串口通信
P3.1	程序下载端口	P1.7	串口通信
P3.0	程序下载端口	P5.5	电源指示

4.2　BEC 与电压检测电路

4.2.1　BEC 电路

BEC 的全称是 Battey Elimination Circuit，是在电调里设置了一个电路模块，将电池输出的电压转换到 5～6 V 给接收机和舵机等电子设备使用，如图 4-3 所示。电机还是用电池直接供电。BEC 大多采用线性稳压方式，线性稳压方式的优点是线路简单，体积小，只要一个稳压管就可以了，但缺点是转换效率不高，稳压的时候能量损耗大(线性稳压效率一般只有 65%～70%)，所以在工作过程中稳压管会很烫(电调发烫的主要热量来自这个稳压管，真正控制电机的 MOS 开关管其实发热量不大)。由于其效率不高，自然输出电流不可能很大，一般最大也就在 1 A 左右。

4.2.2　电压检测电路

电池电压检测电路(见图 4-4)是一个电阻分压网络，由 R_4 的 10 kΩ 电阻、R_5 的 1 kΩ 电阻进行串联分压，其中 VCC 接电源锂电池的正极，GND 接电源锂电池的负极，ADC_V 接 MCU 的某一通道，电容 C_{12} 用来消除电源中的一些高频波纹的影响。一节标准锂电池的电压为 3.7 V，一般航模用锂电池都是三节串联，也就是 11.1 V。若电池即将用尽，VCC 会下降，相应的 ADC_ V 测得的电压也会下降。

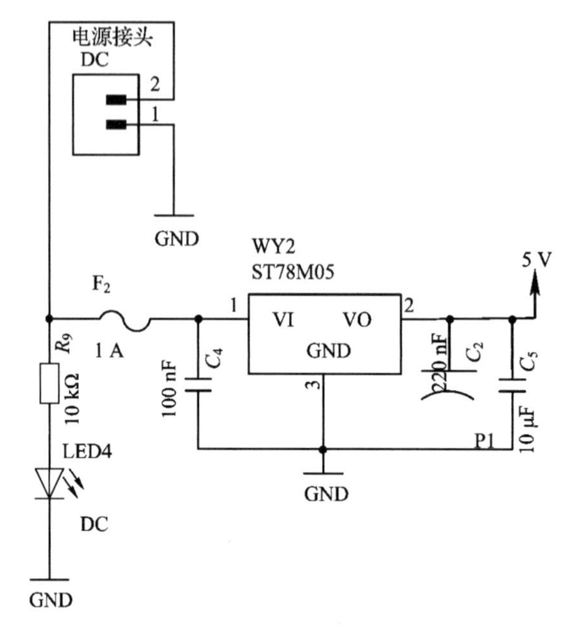

图 4-3 BEC 电路

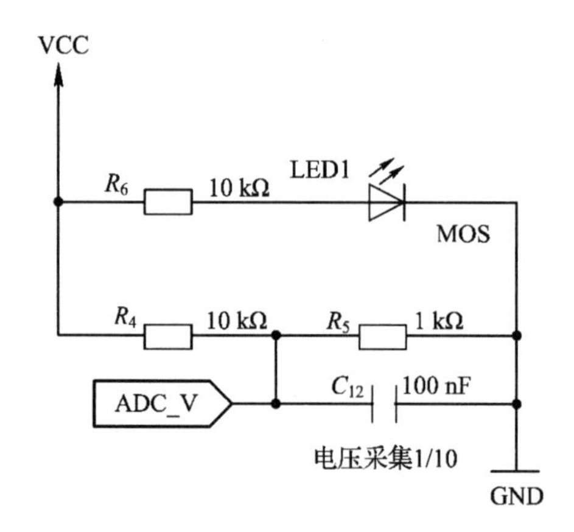

图 4-4 电压检测电路

4.3 电源电路

电源电路（见图 4-5）主要给电调的主控芯片及其他电路提供稳定的直流电压，由一个降压模块将电源电压降到 5 V 并稳压，给电调的电路进行供电。通过 HT7333 芯片将 5 V 电压转换为 3.3 V，给 MCU 供电。

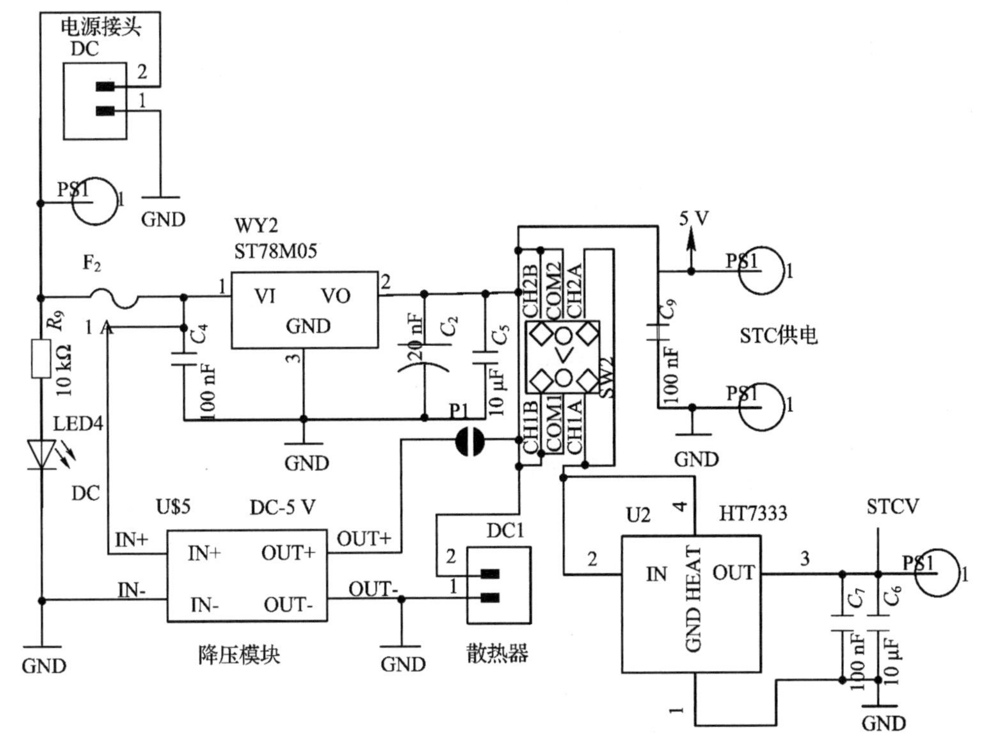

图 4－5　电源电路

4.4　驱动与功率系统电路

本电路是电机控制的核心，由 6 个场效应管（MOSFET）及驱动电路构成功率变换电路。该电路一般有三种结构可以选择。

（1）6 个 MOS 管均为 N 沟道 MOS 管，驱动电路（见图 4－6）由专用驱动 IC 或分立元件搭建。上桥臂通过自举升压电路（见图 4－7）驱动或独立电源驱动。

优点：由于 N－MOS 管耐压及功率可选择范围很宽，这种结构可以适用于各种功率电路。

缺点：上桥臂驱动电路比较复杂，如果采用自举升压方式驱动，则 PWM 占空比不能达到 100％，即电机不能达到满功率运行。

（2）选用智能功率模块（IPM 模块）。模块一般集成了 6 个功率管、驱动电路及保护电路。上桥臂一般通过内置的自举升压电路驱动。

优点：由于采用了集成工艺，具有完善的保护，可靠性很高。这种结构适合于高压、大功率的应用。

缺点：成本较高。一般也是采用自举升压方式驱动。PWM 占空比不能达到 100％。

（3）上桥臂采用 P 沟道 MOS 管，下桥臂采用 N 沟道 MOS 管。驱动电路由专用驱动 IC 或分立元件搭建。

优点：上桥臂采用 P 沟道 MOS 管，不需要采用特别的方式去驱动，电路比较简单。这种结构比较适合低压、小功率（几百瓦）的应用。

缺点:P－MOS 管价格相对较高,一般电流在 100 A,耐压在 100 V 以内。

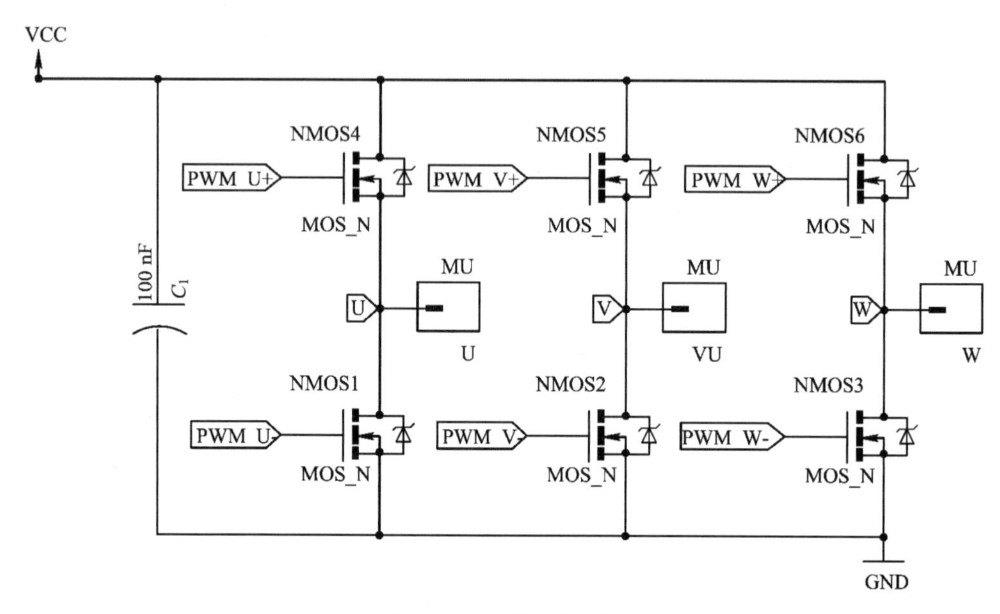

图 4－6　电机驱动电路

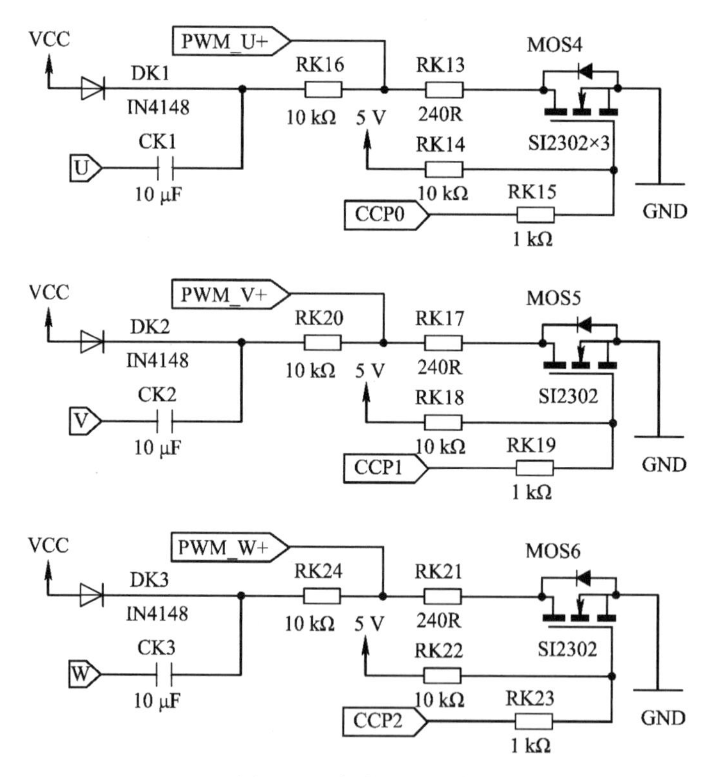

图 4－7　自举升压电路

如图 4－8 所示电调 A 相下臂用的是 IRFR1205 的 N 型 MOSFET,如果在 A_L 端给以

5 V的栅极电压，场效应管 Q_4 就会导通，所以这个端口可以直接用单片机的 I/O 口驱动。上臂用的是 IRFR5305 的 P 型 MOSFET，当 A_H 端给出高电平时，三极管 T_1 导通，IRFR5305 的栅极被拉低，这样在 IRFR5305 的栅源极之间就会形成一个负电压，而导致场效应管 Q_1 导通。电调驱动电路如图 4-9 所示。

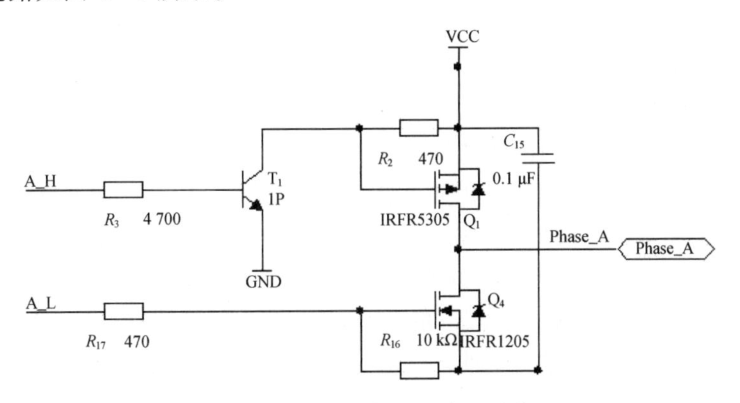

图 4-8　电调 A 相的上臂和下臂

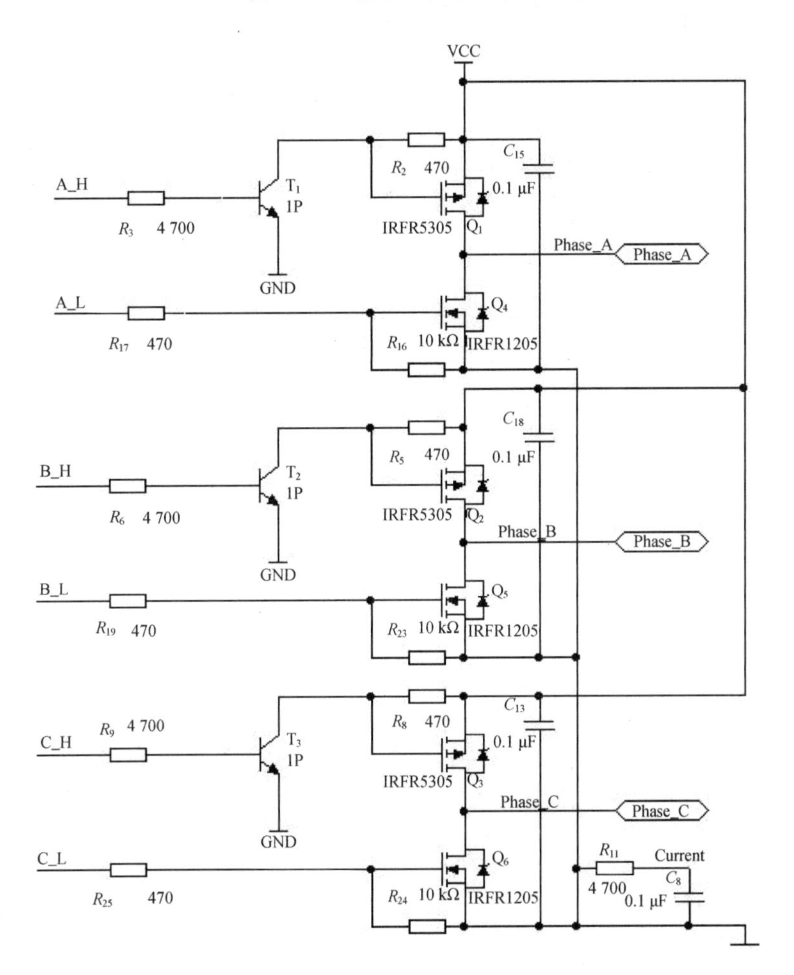

图 4-9　电调驱动电路原理图

4.5 反电动势过零检测电路

反电动势过零检测,需要不停地比较中点电压和U相、V相、W相三个端点的电压,以检测每相感生电动势的过零事件。由于这三个过零事件的产生是按照一定的顺序依次检测的,因此过零事件产生的时间不同。单片机自带的模拟比较器可以提供复用功能,也就是说三个过零检测只需要一个比较器就可以了。当复用功能启动时,模拟比较器的正向输入端为P5.4引脚,负向输入端根据寄存器的配置选择P1.3、P1.4、P1.5管脚。

图4-10中,U、V、W分别接电机的A、B、C三根线,经过一个分压网络后分别为FAN_ U、FAN_ V、FAN_W,再连接到单片机的P1.3、P1.4、P1.5引脚。而FAN_T为估测的变形后的中点电压,接单片机的P5.4引脚。只要在AB通电期间开通FAN_W和Average的比较,AC通电期间开通FAN_ V和Average的比较,BC通电期间开通FAN_U和Average的比较,就可以成功检测出各相的过零事件。

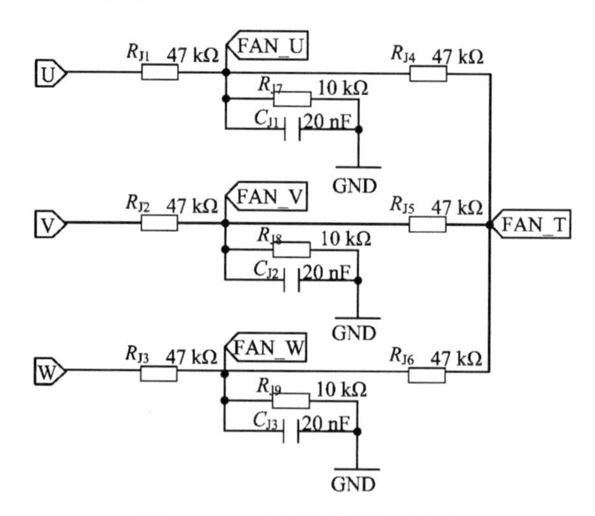

图4-10 反电势过零检测电路

4.6 电流检测与过流保护电路

经过电机的总电流经过R_1、R_2分流,R_2为电路板上一段铜箔地线,尽管R_2的阻值很小,但由于流过的电流较大,所以会在R_2的左端产生一个小的电压,经过R_1和C_3一阶低通滤波,最后接入单片机的ADC_A通道。通过检测接入单片机的电压来间接检测流过电机的电流大小,电流检测电路如图4-11所示。

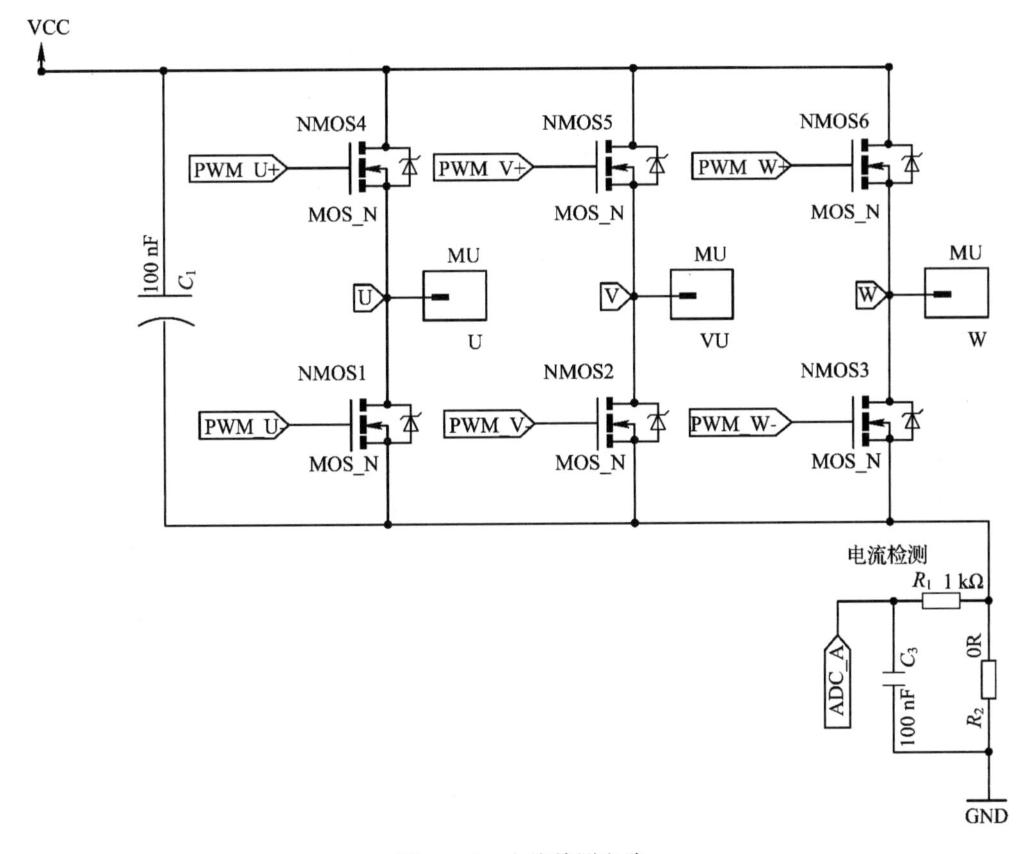

图 4－11　电流检测电路

4.7　PPM 电路

PPM 是遥控模型中比较通用的一种信号格式，其原理是通过检测给定频率的 PPM 信号的占空比来获取指令信号，PPM 电路如图 4－12 所示。一般遥控模型中通用的伺服舵机、电调等都可以接收 PPM 的编码信号。其原理如图 4－13 所示，信号频率为 50 Hz，一个周期为 20 ms。对于电调来讲，脉宽为 1 ms 表示停转，脉宽为 2 ms 表示满油门运转，其间的各点按比例换算：比如脉宽为 1.5 ms 就表示 50％油门等。对于伺服舵机来讲，脉宽为 1 ms 表示转到左极限位置，脉宽为 2 ms 表示转到右极限位置，中间的各点也同样按比例折算。

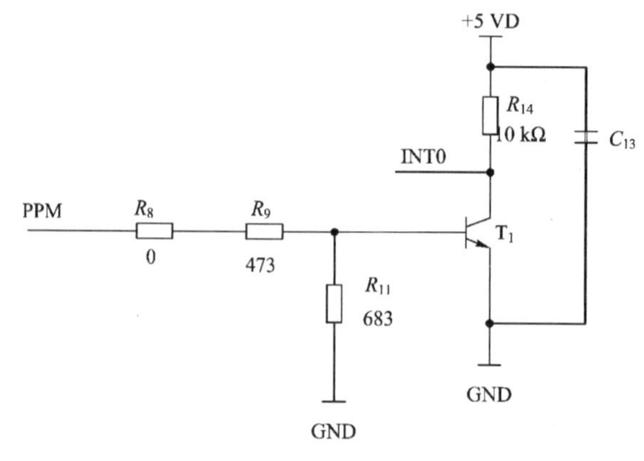

图 4-12 PPM 电路

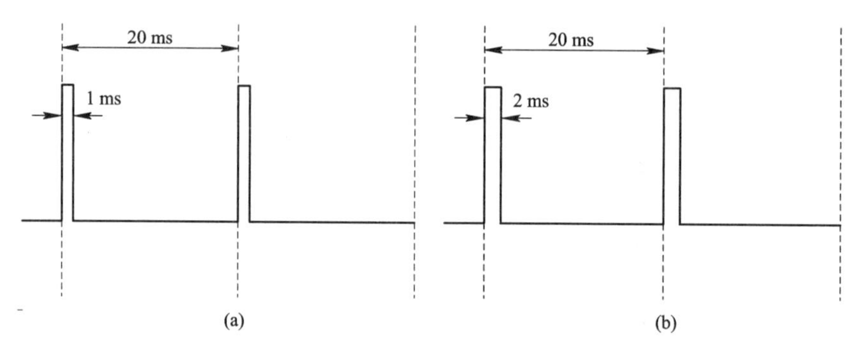

图 4-13 PPM 信号图解

(a)0%油门指令;(b)100%油门指令

4.8 电源指示电路

5 V 电源通过 R_8 的 1 kΩ 电阻和发光二极管接单片机的 P5.5 脚。当单片机 P5.5 脚为低电平时,发光二极管点亮;当单片机 P5.5 脚为高电平时,发光二极管熄灭,电源指示电路如图 4-14 所示。

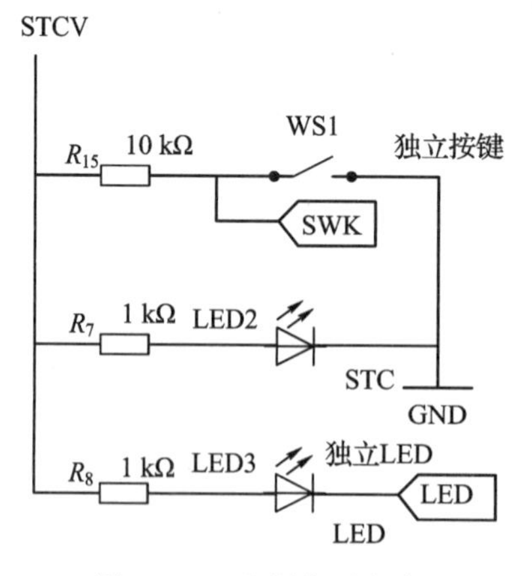

图 4-14 电源指示电路

4.9　电调整机电路分析

电调整机电路如图 4 - 15 所示。

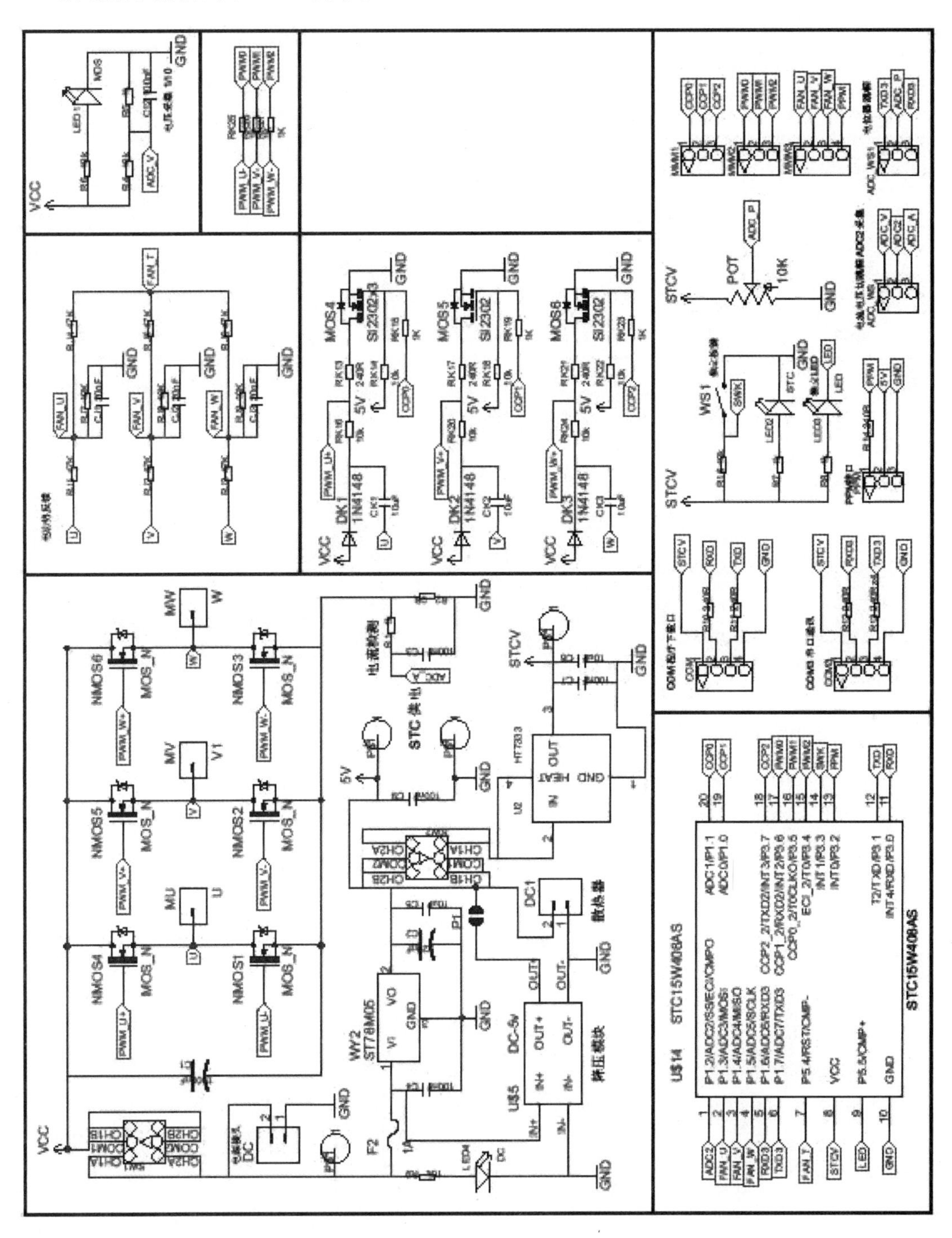

图 4 - 15　电调整机电路

习 题 4

1.MCU 电路的作用是什么？
2.BEC 电路的作用是什么？
3.电机驱动电路有哪几种方式？
4.反电动势过零检测电路的作用是什么？
5.简述电调的作用。
6.简述电调的工作原理。

第5章 无人机电调软件分析

内容提示

无人机电调包括硬件电路和软件部分，程序在 keil u Vision 开发环境中进行编译，并转换成 hex 文件，通过专用下载工具下载到电调主控芯片中。电调通过软件和硬件实现对电机的控制。

教学要求

(1) 掌握电调程序下载的基本过程。

(2) 掌握电调程序开发环境。

(3) 了解电调程序中过零检测与换相的过程。

(4) 了解电调程序中的启动过程。

内容框架

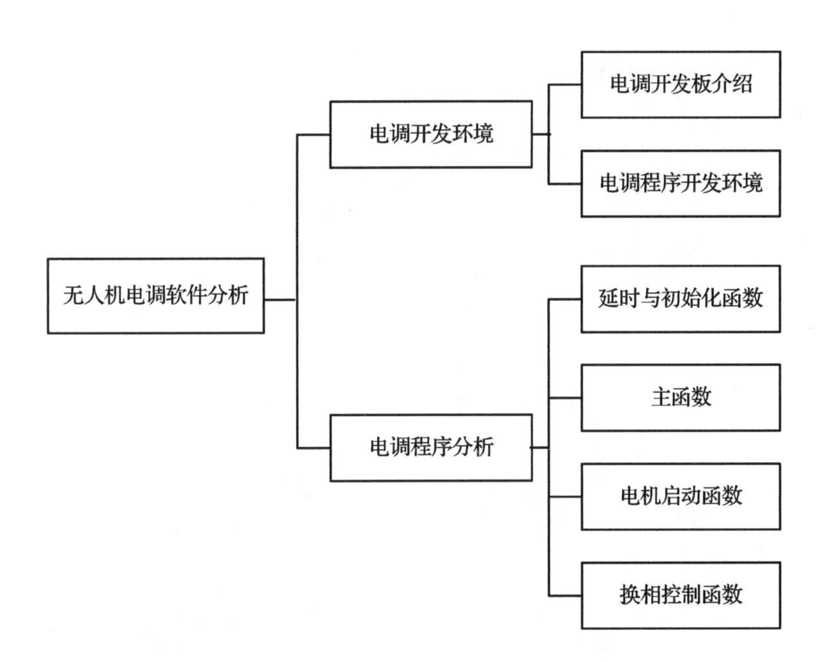

5.1 无感无刷电调开发环境

5.1.1 无感无刷电调开发板介绍

现在采用STC15W408AS单片机作为主控芯片的无感无刷电调开发板(见图5-1)来进行电调程序的开发与测试。STC15W408AS无感无刷电调测试接线图如图5-2所示。

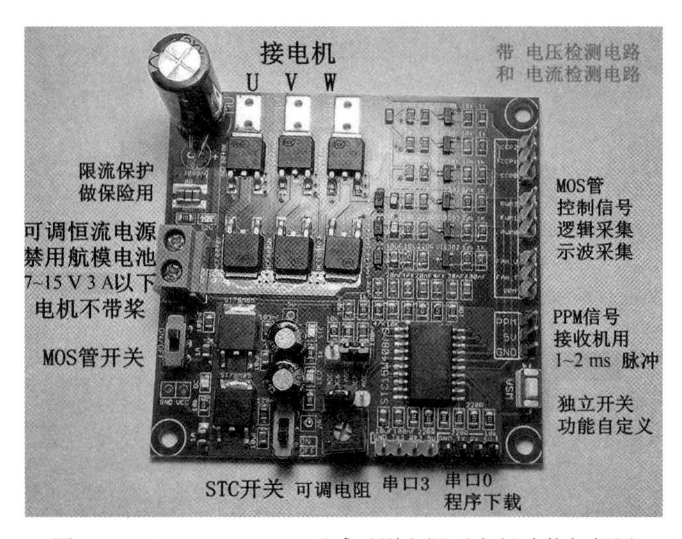

图5-1 STC15W408AS无感无刷电调开发板功能解析图

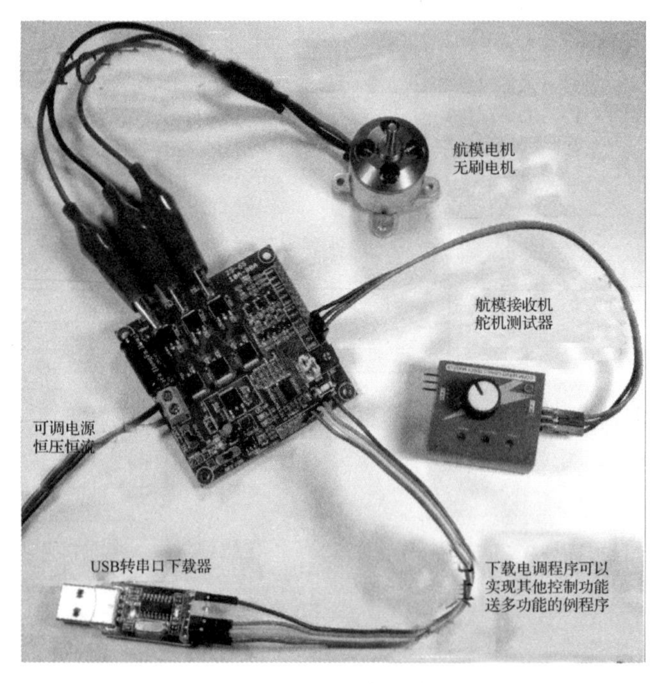

图5-2 STC15W408AS无感无刷电调测试接线图

5.1.2　无感无刷电调程序开发

1.工程创建

选择“Project→New Project”,弹出“Create New Project”对话框后,选择工程保存的路径,并输入要创建的工程名(见图 5-3 和图 5-4)。

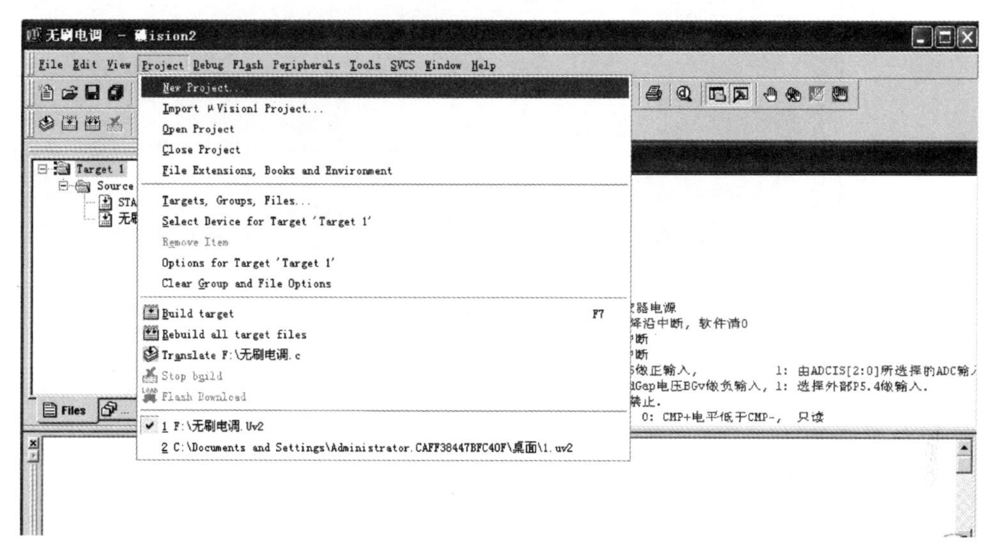

图 5-3　Keil 中新建工程

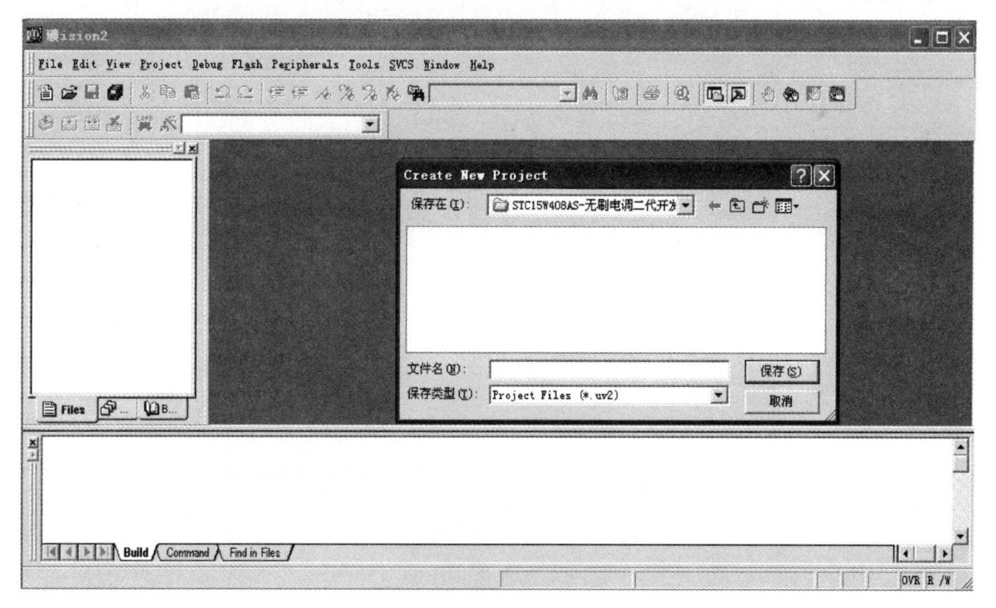

图 5-4　新建工程窗口

工程新建后,会提示要选择单片机型号。在“Select a CPU Date Base File”菜单下选择“STC MCU Datebase”。在单片机型号列表中选择 STC15W408AS 单片机(见图 5-5 和图 5-6)。

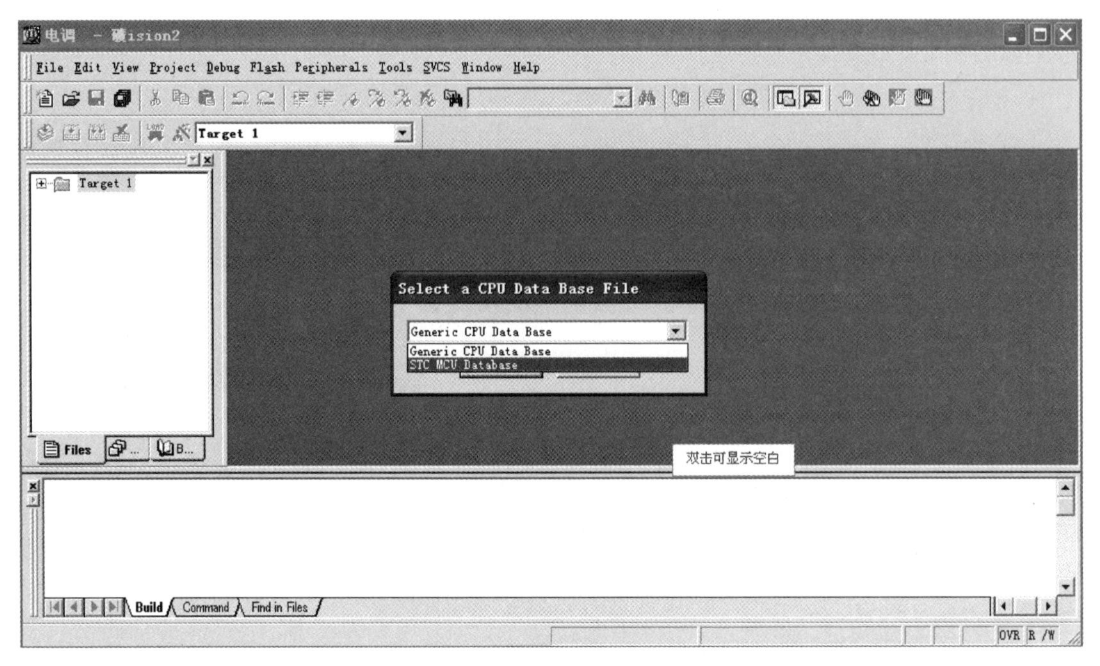

图 5-5 选择单片机型号 1

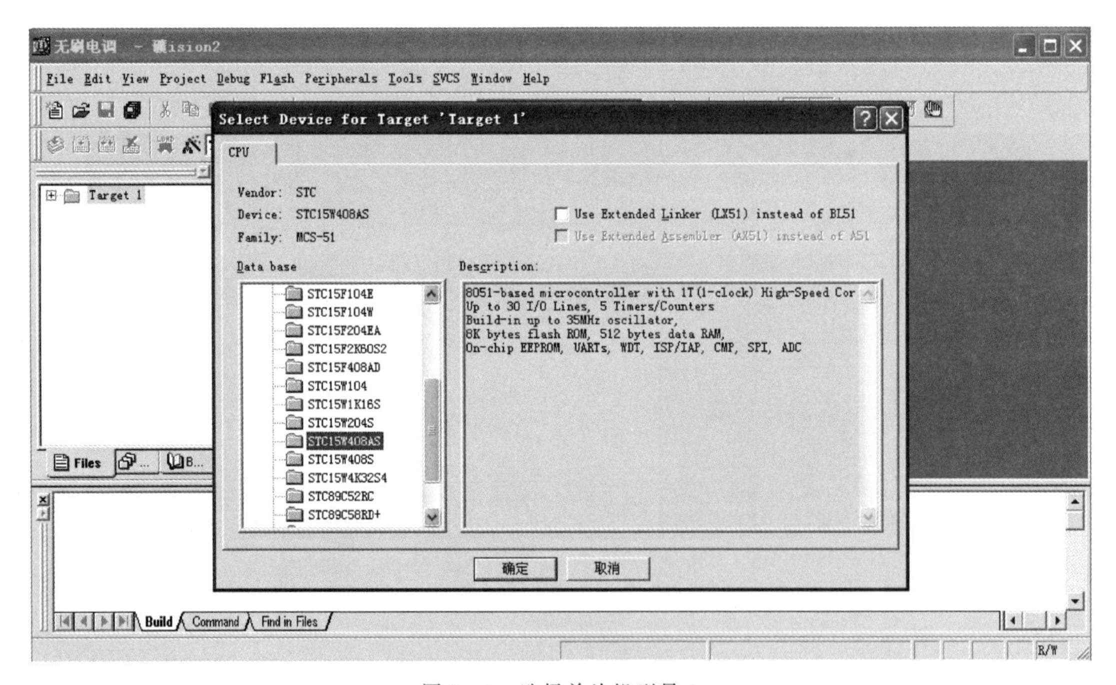

图 5-6 选择单片机型号 2

2.文件添加

在“Project Window”窗口中用鼠标左键选中“Source Group 1”，然后用鼠标右键选择“Add Files to Group‘Source Group 1’”（见图 5-7），会弹出窗口，在窗口中选择已经写好的程序路径和程序，点击“Add”完成添加(见图 5－8 和图 5－9)。

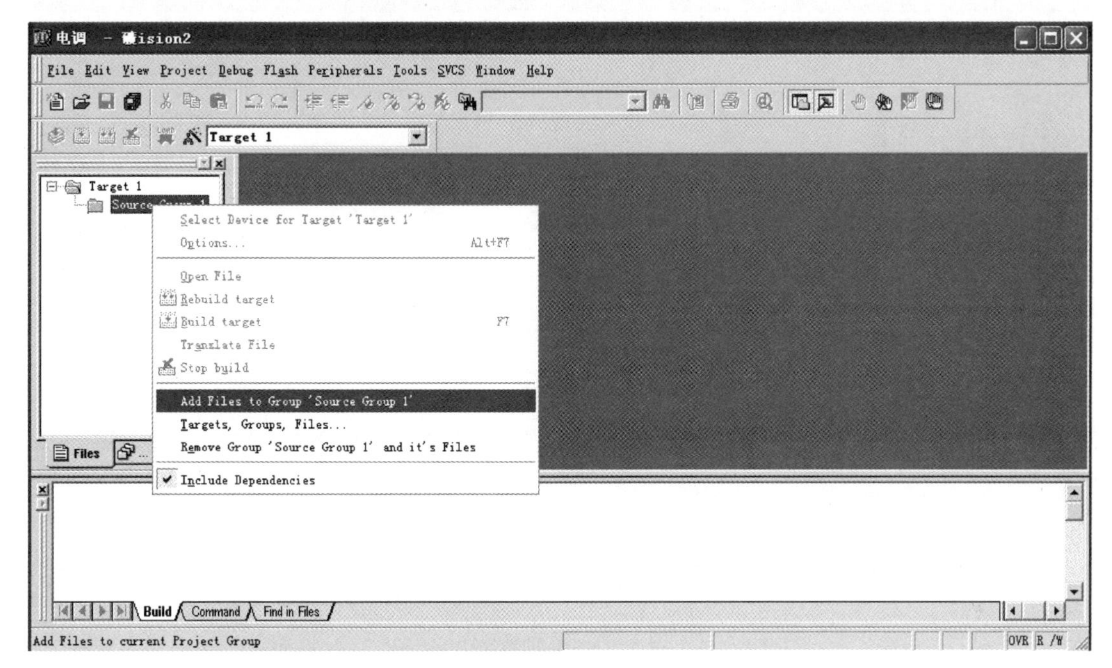

图 5－7　添加文件 1

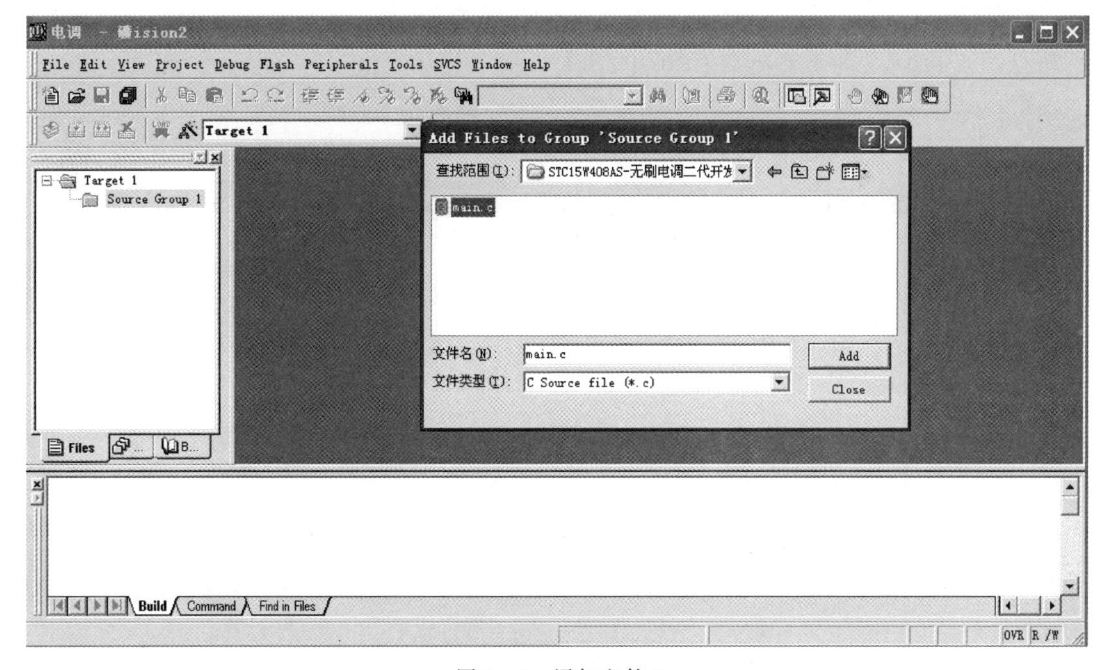

图 5－8　添加文件 2

图 5-9 添加源程序

3.程序编译

选择“Options for Target→Output”,选中“Create HEX Fi”,程序编译通过后,将生成 hex 文件(见图 5-10),供下载到电调 CPU 中。

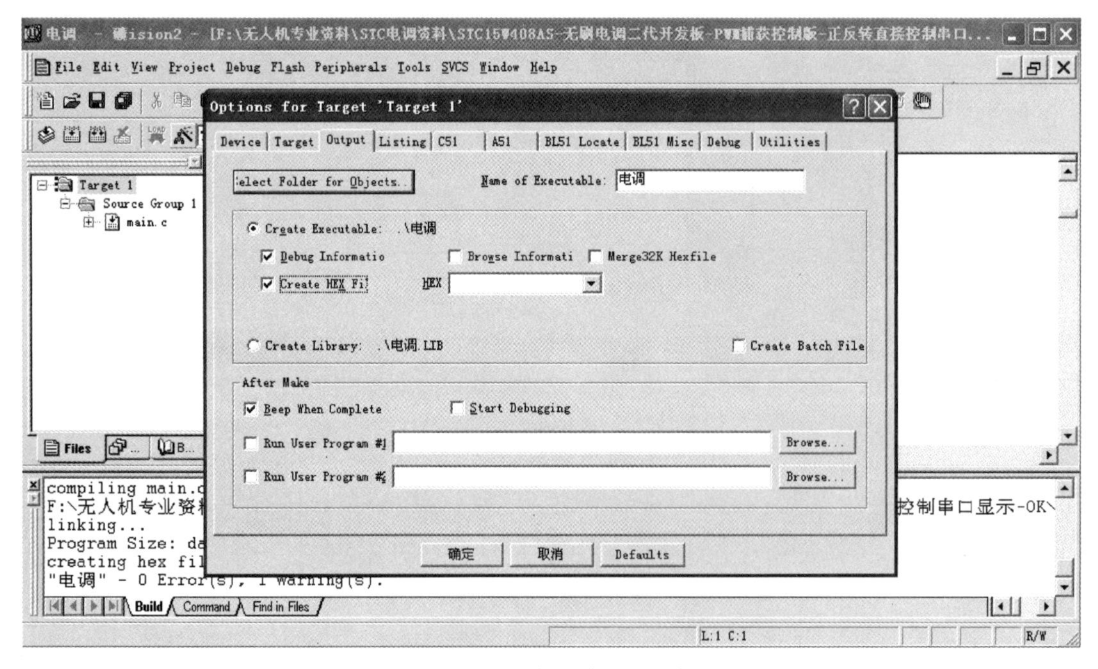

图 5-10 选择生成 hex 文件

选择“Build target”，对程序进行编译，若程序无错误，编译通过(见图 5 - 11)。

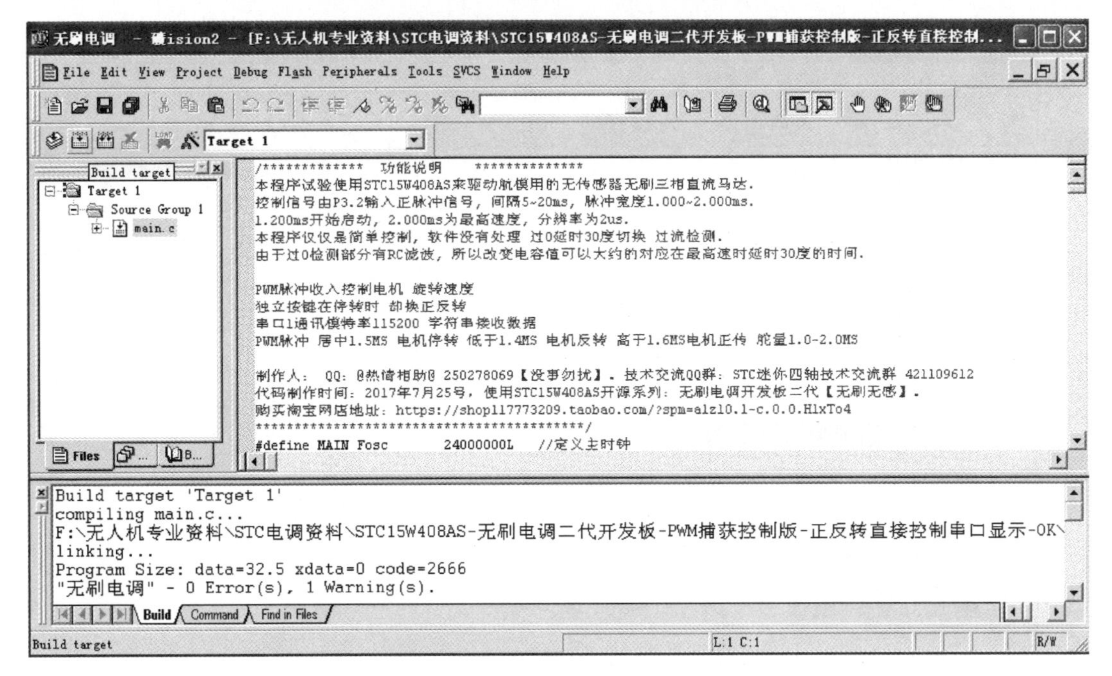

图 5 - 11　编译源程序

4.USB 驱动安装

源程序编译通过后，会生成 hex 文件，用于下载。接下来需要在电脑上安装 USB 驱动程序。在电脑中找到 ch341ser.exe 文件，双击选择安装，即可安装完成(见图 5 - 12)。

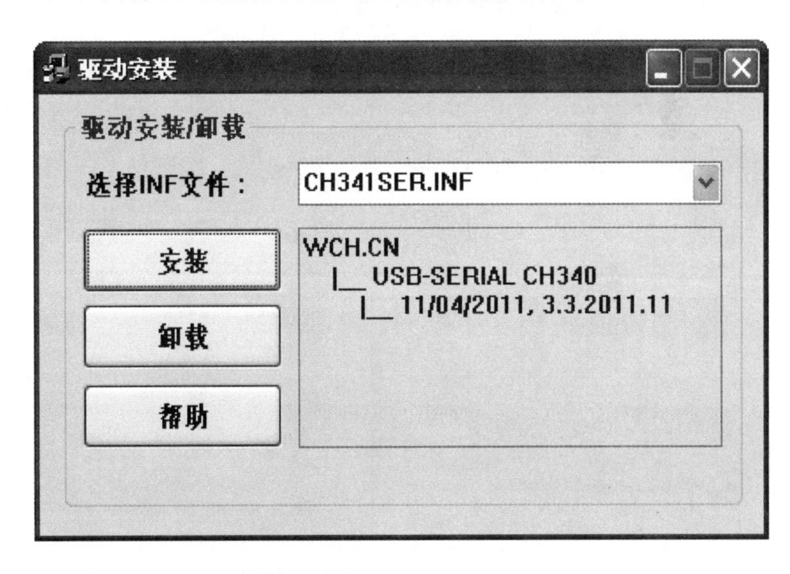

图 5 - 12　安装 CH341 驱动

将无刷电调开发板的 USB 接口插入电脑，在电脑设备管理器的端口中会显示 USB -

SERIAL CH340(COM7),表示开发板与电脑连接成功(见图 5-13)。

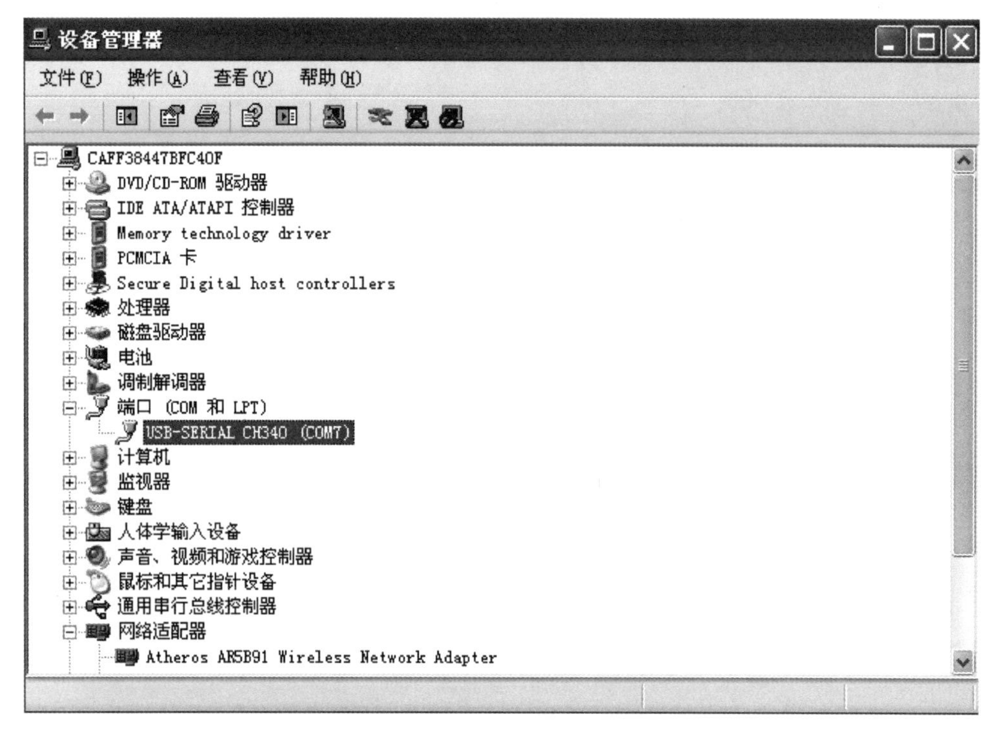

图 5-13 驱动安装后显示端口号

接下来,打开软件 STC-ISP-15xx- V6.85H 下载软件.exe。在单片机型号中选择电调开发板中 CPU 型号 STC15W408AS(见图 5-14)。

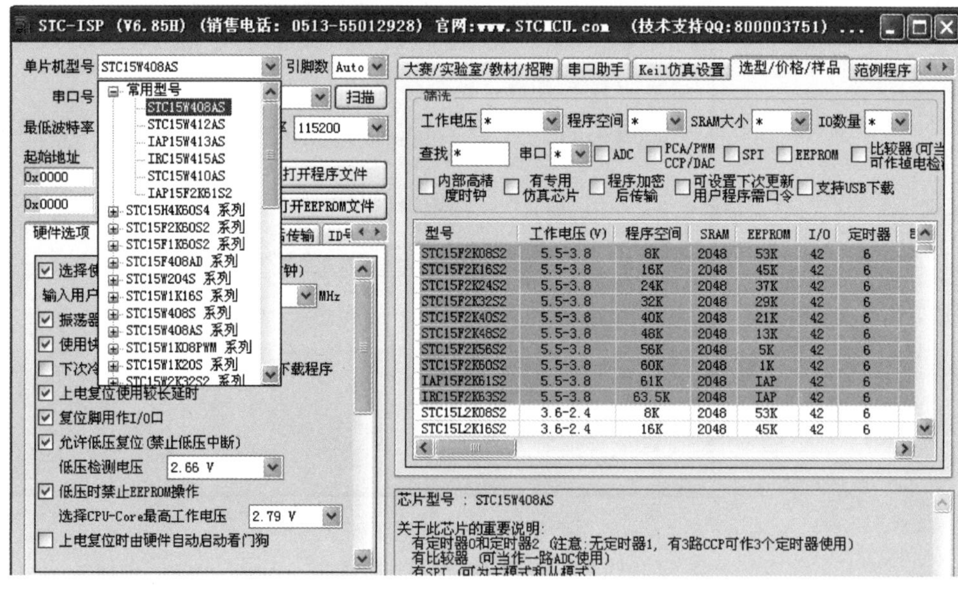

图 5-14 选择单片机型号

然后选择串口号和运行频率 24 MHz(见图 5－15 和图 5－16)。

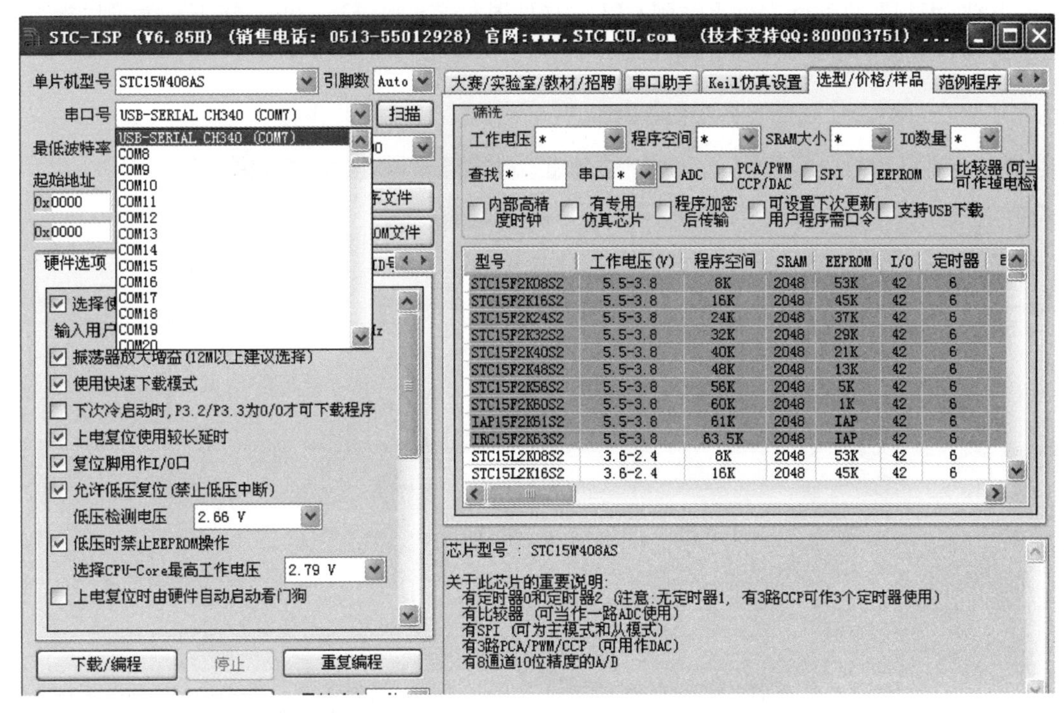

图 5－15　选择串口号

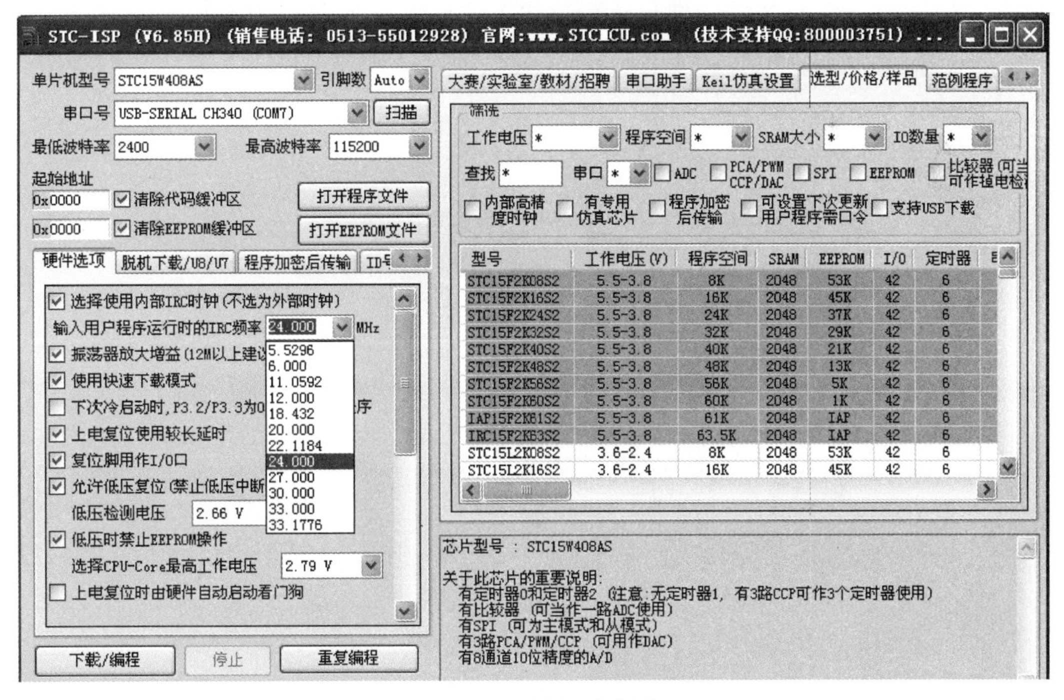

图 5－16　选择运行频率

接下来选择“打开程序文件”，找到生成的 hex 文件，点击“打开”即可(见图 5－17)。最后点击“下载/编程”，将 hex 文件下载到 CPU 中(见图 5－18 和图 5－19)。接下来就可以接上电机、电源进行无刷直流电机的调速测试。

图 5－17　打开要运行的程序文件

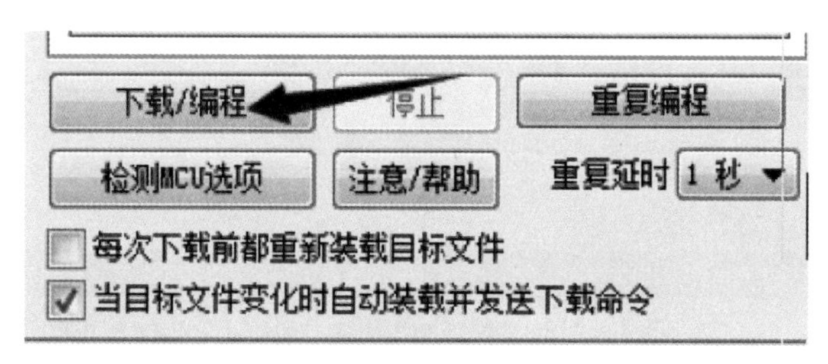

图 5－18　点击下载/编程

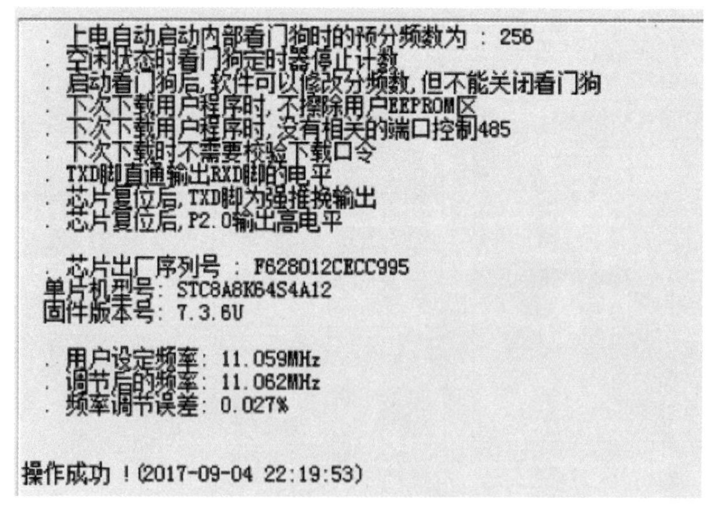

图 5－19　程序下载成功界面

5.2　无感无刷电调程序分析

本程序试验使用 STC15W408AS 来驱动无人机用的无传感器无刷三相直流电机。控制信号由 P3.2 输入正脉冲信号，间隔 5～20 ms，脉冲宽度 1.000～2.000 ms。1.200 ms 开始启动，2.000 ms 为最高速度，分辨率为 2 μs。程序采用过零延时 30°切换，过流检测。由于过零检测部分有 RC 滤波，所以改变电容值可以大约地对应在最高速时延时 30°的时间。

PWM 脉冲信号控制电机旋转速度，独立按键在停转时切换正反转。串口 1 通信波特率为 115 200 B，字符串接收数据。PWM 脉冲居中 1.5 ms 电机停转，低于 1.4 ms 电机反转，高于 1.6 ms 电机正转，舵量 1.0～2.0 ms。

5.2.1　参数定义

```
#define MAIN_Fosc24000000L//定义主时钟
#include "STC15Fxxxx.H"                //STC15W 头文件 库函数
#include "STC15W204S-COM12.h"          //STC15W204S-硬件串口 2
//=============================================================
//比较器 宏定义
//=============================================================
//CMPCR1        =        0xE6;          //比较器控制寄存器 1
#define CMPEN           0x80          //CMPCR1.7 :比较器模块使能位
//#define CMPIF           0x40          //CMPCR1.6 : 比较器中断标志位
#define PIE             0x20          //CMPCR1.5 :比较器上升沿中断使能位
#define NIE             0x10          //CMPCR1.4 :比较器下降沿中断使能位
//#define PIS             0x08          //CMPCR1.3 : 比较器正极选择位
//#define NIS             0x04          //CMPCR1.2 : 比较器负极选择位
//#define CMPOE           0x02          //CMPCR1.1 : 比较结果输出控制位
//#define CMPRES          0x01          //CMPCR1.0 : 比较器比较结果
//CMPCR2        =        0xE7;          //比较器控制寄存器 2
//#define IN VCMPO        0x80          //CMPCR2.7 : 比较结果反向输出控制位
//#define DISFLT          0x40          //CMPCR2.6 : 比较器输出端滤波使能控制位
//#define LCDTY           0x3F          //CMPCR2.[5:0] : 比较器输出的区抖时间控制

//    CMPCR1 |= NIE;                   //使能比较器的下降沿中断
//    CMPCR1 &= ~NIE;                  //禁用比较器的下降沿中断
//    CMPCR1 |= PIE;                   //使能比较器的上升沿中断
//    CMPCR1 &= ~PIE;                  //禁用比较器的上升沿中断
//CMPCR1 |= CMPEN;                     //使能比较器
//CMPCR1 &= ~CMPEN;                    //禁用比较器
#define CMPEN_ON   CMPCR1 |= CMPEN; //使能比较器
#define CMPEN_OFF CMPCR1 &= ~CMPEN; //禁用比较器
#define NIEPIE_A {CMPCR1 |= NIE;CMPCR1 &= ~PIE;}  //下降沿上升沿中断
#define NIEPIE_B {CMPCR1 &= ~NIE;CMPCR1 |= PIE;;} //下降沿上升沿中断
```

```
//#define DISABLE_CMP_INT CMPCR1 &= ~0X40      // 关闭比较器中断
//#define ENABLE_CMP_INT  CMPCR1 |= 0X40      // 打开比较器中断
//==========================================================
// MOS 管控制 引脚定义
//==========================================================
// PWM 控制 为 P1.0 P1.1 P3.7 引脚
sbit OUTL_U = P3^6;;//控制 低相 MOS 管
sbit OUTL_ V = P3^5; //控制 低相 MOS 管
sbit OUTL_W = P3^4; //控制 低相 MOS 管
//==========================================================
//普通功能 引脚定义
//==========================================================
sbit SWK = P3^3;          //外部按键
sbit LED = P5^5;          //LED
//==========================================================
//控制数据参数  全局变量
//==========================================================
bitB_RxOk;       //收到有效脉冲变量
bit mm_ZF; //电机正反转控制变量
u16RxPulseWide;       //脉宽数据变量
u8Step;            //电机相序控制变量
u8TimeOut;            //堵转超时
u8Rx_cnt;            //脉宽采集计数控制变量
u8PWM_ Value;       //决定 PWM 占空比的值变量
u16 mmjsq;         //电机旋转计数器
//==========================================================
// ADC 数据参数  全局变量
//==========================================================
unsigned int ADC10B;
```

5.2.2 延时与初始化函数

```
//==========================================================
//   延时函数
//==========================================================
void  Delay_ms(u8 dly)
{
  u16  j;
  do
  {
    j = MAIN_Fosc / 13000;  //延时 1 ms,主程序在此节拍下运行
    while(--j)  ;
  }while(--dly);
}
```

```
void delay_us(u8 us)
{
  do
  {
    NOP(20);                //@24 MHz
  }
  while(--us);
}
//==========================================================
//  PWM 方波控制 PWM 空占比控制 初始化函数
//==========================================================
#define CCP_S0 0x10                        //P_SW1.4
#define CCP_S1 0x20                        //P_SW1.5
void PWM_Init(void)
{
  OUTL_U = 0;OUTL_V = 0;OUTL_W = 0;//关闭 低相 MOS 管

  P3M0=0x70;;P3M1=0x00;              //设置 IO 口 模式
  P5M0=0x00;P5M1=0x00;              //设置 IO 口 模式

//  CMOD = 1 << 1;   //选择系统时钟/2 为时钟源,即 PWM 频率=24 MHz/2/256=46.9 kHz
//  CMOD = 5 << 1;   //选择系统时钟/4 为时钟源,即 PWM 频率=24 MHz/4/256=23.4 kHz
  CMOD = 6 << 1;   //选择系统时钟/6 为时钟源,即 PWM 频率=24 MHz/6/256=15.6 kHz(效
果好)

  CL=0;CH=0;     // PCA 计数器清零
  PCA_PWM0 = 0X00;
  CCAP0H=0;          // 初始化占空比为 0% H 的值装载到 L 中
  CCAP0L=0;
  CCAPM0=0x42;   // 设置为 PWM 模式
  PCA_PWM1 = 0X00;
  CCAP1H=0;        // 初始化占空比为 0%
  CCAP1L=0;
  CCAPM1=0x42;   // 设置为 PWM 模式
  PCA_PWM2 = 0X00;
  CCAP2H=0;        // 初始化占空比为 0%
  CCAP2L=0;
  CCAPM2=0x42;   // 设置为 PWM 模式
  CR = 1;          // 1: 允许 PCA 计数器计数,必须由软件清 0。
}
//==========================================================
// ADC 模数转换 初始化函数
//==========================================================
```

```
void ADC_Init(void)
{
  P1M0=0x00;P1M1=0x1C; //设置 IO 口 模式
  P1ASF = 0X38;              // 开通 P1.3 P1.4 P1.5 的 AD 输入口
}
//========================================================
// 比较器 初始化函数
//========================================================
void CMP_Init(void)
{
  P5n_pure_input(0x10);      //P5 口 IO 口初始化 库操作函数
  CMPCR1 = 0X0C;
    // 0000 1100 打开比较器,P5.4 作为比较器的反相输入端,ADC 引脚作为正输入端
  CMPCR2 = 0X3C;        // 60 个时钟滤波

//  CMPCR1 |= NIE;              //使能比较器的下降沿中断
//  CMPCR1 &= ~NIE;             //禁用比较器的下降沿中断
//  CMPCR1 |= PIE;              //使能比较器的上升沿中断
//  CMPCR1 &= ~PIE;             //禁用比较器的上升沿中断
//  CMPCR1 |= CMPEN;       //使能比较器
//  CMPCR1 &= ~CMPEN;    //禁用比较器

//  CMPCR2 &= ~INVCMPO; //比较器的比较结果正常输出到 P1.2
//  CMPCR2 |= INVCMPO;   //比较器的比较结果取反后输出到 P1.2
//  CMPCR2 &= ~DISFLT;   //不禁用(使能)比较器输出端的 0.1 μs 滤波电路
//  CMPCR2 |= DISFLT;      //禁用比较器输出端的 0.1 μs 滤波电路
//  CMPCR2 &= ~LCDTY;    //比较器结果不去抖动,直接输出
//  CMPCR2 |= (DISFLT & 0x10);  //比较器结果在经过 16 个时钟后再输出

}
//========================================================
//  定时器 0 外部中断 0 初始化函数
//========================================================
void T0_Iint(void) //PWM 脉宽捕获
{
  Timer0_AsTimer();          // 定时器 0 用做定时器
  Timer0_12T();              // 定时器 0 clodk = fo/12  12 分频,  default
  Timer0_16bit();           // 定时器 0 16 位数据值
  Timer0_Gate_INT0_P32();  // 时器 0 由外部 INT0 高电平允许定时计数
  TL0 = 0;TH0 = 0;          // 清零 定时器数据
  TR0 = 1;              // 打开定时器 0
  ET0 = 1;             // 允许 ET0 中断
```

```
    IE0 = 0;                  // 清除外中断 0 标志位
    EX0 = 1;                  // INT0 Enable
    IT0 = 1;                  // INT0 下降沿中断
}
//==========================================================
//  定时器 0 中断函数
//==========================================================
void T0_Interrupt(void) interrupt 1
{
    Rx_cnt = 0;              //一旦出现溢出，则开始的 n 个脉冲无效
    RxPulseWide = 1000;         //停止
    B_RxOk = 1;          //虚拟收到一个脉冲
}
```

5.2.3　主函数

```
//==========================================================
//  程序 主函数
//==========================================================
void main(void)
{
        unsigned int code SACII16[]={0x30,0x31,0x32,0x33,0x34,0x35,0x36,0x37,
0x38,0x39,0x41,0x42,0x43,0x44,0x45,0x46};// 串口正确显示数据值
    u16 DL1,DL2;       //舵量采集变量
    u8  DuoLiang;   //舵量实际值变量
    u8  MMzt;       //电机状态变量 0=设置,1=停转,2=启动,3=运转,4=堵转
    u8  MMss,MMss2; //舵量采集次数变量
    bit  LDok;          //舵量采集成功变量
    u16 COMss;        //串口打印时间变量
    bit  zf;            //判断控制电机反向变量
    u8  DLx1,DLx2; //舵量控制换算变量

    PWM_Init();       // PWM 空占比函数 初始化
    ADC_Init();       // ADC 模数转换函数 初始化
    CMP_Init();       // 比较器函数 初始化
    T0_Iint();      // 定时器 0 函数 初始化
    COM12_INT();     // 串口 0 初始化
    LED = 0;            //点亮 LED
    MM_ZF=0;              //电机正向旋转

////////////////////////////////
//开机响 3 下 【1;2;3】
    Delay_ms(250);  //延时函数
    MotorSound(1);  //电机发声函数
```

```
    Delay_ms(250);  //延时函数
    MotorSound(2);  //电机发声函数
    Delay_ms(250);  //延时函数
    MotorSound(3);  //电机发声函数
//////////////////////////////////////
    PWM_Value = 0;
    RxPulseWide = 1000;
    DuoLiang = 0;
    Rx_cnt   = 0;
    TimeOut = 0;
    CCAP0H=0;  CCAP1H=0;  CCAP2H=0;  // 占空比为 0
    OUTL_U=0;  OUTL_V=0;  OUTL_W=0;  // 相序 拉高复位
    EA  = 1;// 打开总中断
    LED = 1;//关闭 LED
    SendString("无刷无感电机程序\r\n");//发送字符串
    SendString("电机顺时针转\r\n");//发送字符串
    MMss=0;//电机状态变量
    MMzt=0;//电机进入设定状态
    while (1)
    {
     if(COMss>100)  //连续采集设定次数有效值【防止杂波干扰】
       {
         if(MMjsq! =0&&MMzt! =1) //电机转速 不是 0 执行显示转速
        {
        SendString("电机转速:");                    //发送字符串
        SendData(SACII16[MMjsq%100000/10000]);   //发送字符
        SendData(SACII16[MMjsq%10000/1000]);     //发送字符
        SendData(SACII16[MMjsq%1000/100]);       //发送字符
        SendData(SACII16[MMjsq%100/10]);         //发送字符
        SendData(SACII16[MMjsq%10]);             //发送字符
        SendString(" 控制舵量:");                 //发送字符串
        SendData(SACII16[DuoLiang%1000/100]);    //发送字符
        SendData(SACII16[DuoLiang%100/10]);      //发送字符
        SendData(SACII16[DuoLiang%10]);          //发送字符
        SendString(" 输出舵量:");                 //发送字符串
        SendData(SACII16[PWM_Value%1000/100]);   //发送字符
        SendData(SACII16[PWM_Value%100/10]);     //发送字符
        SendData(SACII16[PWM_Value%10]);         //发送字符
        SendString("\r\n");                      //发送字符串
        }
      COMss=0;  //连续采集次数变量 清零
      MMjsq=0;  //转速清零
```

```
  if(SWK==0&&MMzt==1)//按键按下 切换正反转
  {
   zf=~zf;    //按键按下 电机反转
   if(zf==0)    //判断控制电机反向变量
     {
    MM_ZF=0;  //电机正向旋转
    SendString("电机顺时针转\r\n");  //发送字符串
   }
   if(zf==1)    //判断控制电机反向变量
     {
    MM_ZF=1;  //电机反向旋转
    SendString("电机逆时针转\r\n");  //发送字符串
   }
   Delay_ms(50);   //延时函数
   while(SWK==0);//等待按键释放
  }
  }
 else COMss++;

 Delay_ms(1);       //延时 1 ms，主程序在此节拍下运行
 if(B_RxOk)       //收到一个脉冲
  {
   DL1= RxPulseWide;             //读取脉宽结果
   if(1050<DL1)DL2=DL1-1050;//截取最小舵量值 1.0 ms
   else      DL2=0;
   if(DL2>950) DL2=950;    //截取最大舵量值 2.0 ms
   DuoLiang = DL2/3.8;      //输出舵量结果 0~250
     B_RxOk = 0;              //中断结果变量 复位
   LDok=1;                  //采集到一次有效舵量
  }

  if(MMzt==0)      //电机设定
  {
  if(LDok==1)   //等待舵量信号
  {
   LDok=0;     //舵量采集成功变量
    if(DuoLiang>115&&135>DuoLiang)
//舵量设定值内 则启动【1.45~1.55 ms】
    {
    if(MMss>10) //连续采集设定次数有效值【防止杂波干扰】
      {
     CMPEN_OFF;                 // 关比较器
       MMzt=1; //电机停转状态
```

```
        MotorSound(2);  //电机发声函数
        Delay_ms(50);   //延时函数
        MotorSound(3);//电机发声函数
        MMss=0;          //电机启动状态变量
        SendString("电机准备就绪\r\n");//发送字符串
         }
        else MMss++;      //电机启动状态变量
      }
      }
    }
  if(MMzt==1)            //电机停转
   {
  CMPEN_OFF;       // 关比较器
  PWM_Value = 0;   //电机转速设定
  CCAP0H=0;  CCAP1H=0;  CCAP2H=0;  // 占空比为0
  OUTL_U=0;  OUTL_V=0;  OUTL_W=0;  // 相序 拉高复位
                        //舵量大于中间值 运行电机正转启动程序
  if(DuoLiang>160)      //舵量大于设定值 则启动【电机正转】
   {
     MMss++;          //电机启动状态变量
     if(MMss>10)      //连续采集设定次数有效值【防止杂波干扰】
      {
        MMzt=2;       //舵量大于设定值 运行启动电机
     MMss=0;       //电机启动状态变量
     SendString("启动电机 电机顺时针转\r\n");     //发送字符串
     MM_ZF=0;     //电机正向旋转
      }
    }
  else MMss=0;       //电机启动状态变量
                     //舵量低于中间值 运行电机反转启动程序
  if(DuoLiang<95)    //舵量大于设定值 则启动【电机正转】
   {
     MMss2++;          //电机启动状态变量
     if(MMss2>10)      //连续采集设定次数有效值【防止杂波干扰】
      {
        MMzt=2;         //舵量大于设定值 运行启动电机
     MMss2=0;       //电机启动状态变量
     SendString("启动电机 电机逆时针转\r\n");     //发送字符串
     MM_ZF=1;       //电机反向旋转
      }
    }
  else MMss2=0;   //电机启动状态变量
```

```
}
if(MMzt==2)        //电机启动
{
LED=0;      //LED
StartMotor();// 启动马达
CMPEN_ON;      // 打开比较器
TimeOut = 0; // 堵转控制 解除
MMzt=3;      //运行 运转电机
LED=1;      //LED
}
if(MMzt==3)      //电机运转
{
if(DuoLiang>130)        //运行 电机正转运算程序
{
  DLx1=DuoLiang-130;//得到舵量 0~125 值
  if(DLx2 < DLx1)DLx2++;  //转速值++
  if(DLx2 > DLx1)DLx2--;  //转速值--
  PWM_Value=DLx2 * 2;        //舵量输出 2 倍
}
else if(DuoLiang<120)       //运行电机正转运算程序
{
  DLx1=120-DuoLiang;       //得到舵量 0~125 值
  if(DLx2 < DLx1)DLx2++;//转速值++
  if(DLx2 > DLx1)DLx2--;//转速值--
  PWM_Value=DLx2 * 2;        //舵量输出 2 倍
}
if(TimeOut > 0)
  {
  if(--TimeOut == 0)  //堵转超时
   {
    MMzt=4;           //运行堵转电机
   }
  }
if(DuoLiang>120&&130>DuoLiang)
//舵量设定值内 则启动【1.45~1.55 ms】
{
  MMzt=1;   //电机停转
  MMjsq=0;  //转速清零
  SendString("电机停转\r\n");//发送字符串
}
}
if(MMzt==4)   //电机堵转
{
```

```
    SendString("电机故障异常\r\n");//发送字符串
    CMPEN_OFF;   // 关比较器
    MotorSound(1);//电机发声函数
    Delay_ms(50); //延时函数
    MotorSound(1);//电机发声函数
    Delay_ms(50); //延时函数
    CCAP0H=0;  CCAP1H=0;  CCAP2H=0;  // 占空比为0
    OUTL_U=0;  OUTL_V=0;  OUTL_W=0;  // 相序 拉高复位
    PWM_Value = 0;     //电机转速设定
    TimeOut = 0;      // 堵转控制 解除
    MMjsq=0;       //转速清零
    MMzt=0;       //电机设定
     }
  }
}
```

5.2.4 电机启动函数

```
//==========================================
//  启动电机函数【暴力启动-不检测相序初始位】
//==========================================
void StartMotor(void)
{
  u8 i;
  CMPEN_OFF;          // 关比较器
  PWM_Value = 50;        // 初始占空比【12 V 电压】
  Step = 0;           // 初始位置
  for(i=0;i<12;i++)          // 无控制启动【设置旋转方向】
   {
    Step++;if(Step>5)Step = 0;// 相序级数控制
    StepXL();            // 运行相序控制
      Delay_ms(4);          // 启动持续时间(不能太高)
   }
}

//==========================================
//  启动电机发声函数
//==========================================
void MotorSound(u8 x)
{

  u8 i;u16 kk;
  if(x==0)i= 1;       //发声 音色 0
```

```
    if(x==1)i=70;         //发声 音色 1
    if(x==2)i=75;         //发声 音色 2
    if(x==3)i=80;         //发声 音色 3
    if(x==4)i=85;         //发声 音色 4
    if(x==5)i=90;         //发声 音色 5
    PWM_Value = 45;  //音量大小  10-100
    Step = 0;StepXL();  // 初始位置
    Delay_ms(1);        //延时函数
    for(kk=700; kk>0;kk--)
    {Step = 1,StepXL(),delay_us(i);  // 初始位置
     Step = 3,StepXL(),delay_us(i);}

}
```

5.2.5　换相控制函数

```
//==============================================
//  无刷电机 换相相序控制函数
//==============================================
void StepXL(void)
{
   if(MM_ZF==0)   //电机正转相序控制
     {
   switch(Step)
     {
     case 0:  //AB
       CCAP2H=0;CCAP0H=0;OUTL_V=0;OUTL_W=0;// 关闭 MOS 管的相序
       OUTL_U=1;CCAP1H=PWM_Value;            // 打开 MOS 管的相序
       ADC_CONTR=0XED;NIEPIE_B;
               // 选择 P1.5 作为 ADC 输入 即 C 相电压   上升沿中断
       Break;
     case 1:  //AC
       CCAP0H=0;CCAP1H=0;OUTL_V=0;OUTL_W=0;// 关闭 MOS 管的相序
       OUTL_U=1;CCAP2H=PWM_Value;           // 打开 MOS 管的相序
       ADC_CONTR=0XEC;NIEPIE_A;
               // 选择 P1.4 作为 ADC 输入 即 B 相电压   下降沿中断
       Break;
     case 2:  //BC
       CCAP0H=0;CCAP1H=0;OUTL_U=0;OUTL_W=0;// 关闭 MOS 管的相序
       OUTL_V=1;CCAP2H=PWM_Value;          // 打开 MOS 管的相序
       ADC_CONTR=0XEB;NIEPIE_B;
               // 选择 P1.3 作为 ADC 输入 即 A 相电压   上升沿中断
       Break;
```

```
        case 3： //BA
          CCAP1H=0;CCAP2H=0;OUTL_U=0;OUTL_W=0;// 关闭 MOS 管的相序
          OUTL_V=1;CCAP0H=PWM_Value;            // 打开 MOS 管的相序
          ADC_CONTR=0XED;NIEPIE_A;
                 // 选择 P1.5 作为 ADC 输入 即 C 相电压  下降沿中断
          Break;
        case 4： //CA
          CCAP1H=0;CCAP2H=0;OUTL_U=0;OUTL_V=0;// 关闭 MOS 管的相序
          OUTL_W=1;CCAP0H=PWM_Value;            // 打开 MOS 管的相序
          ADC_CONTR=0XEC;NIEPIE_B;
                 // 选择 P1.4 作为 ADC 输入 即 B 相电压  上升沿中断
          Break;
        case 5： //CB
          CCAP2H=0;CCAP0H=0;OUTL_U=0;OUTL_V=0;// 关闭 MOS 管的相序
          OUTL_W=1;CCAP1H=PWM_Value;            // 打开 MOS 管的相序
          ADC_CONTR=0XEB;NIEPIE_A;
                 // 选择 P1.3 作为 ADC 输入 即 A 相电压  下降沿中断
          Break;
        Default:
          Break;
        }
      }
    else          //电机反转相序控制
      {

      switch(Step)
        {
        case 5： //AB
          CCAP2H=0;CCAP0H=0;OUTL_V=0;OUTL_W=0;// 关闭 MOS 管的相序
          OUTL_U=1;CCAP1H=PWM_Value;              // 打开 MOS 管的相序
          ADC_CONTR=0XED;NIEPIE_A;
                 // 选择 P1.5 作为 ADC 输入 即 C 相电压  上升沿中断
          Break;
        case 4： //AC
          CCAP0H=0;CCAP1H=0;OUTL_V=0;OUTL_W=0;// 关闭 MOS 管的相序
          OUTL_U=1;CCAP2H=PWM_Value;            // 打开 MOS 管的相序
          ADC_CONTR=0XEC;NIEPIE_B;
                 // 选择 P1.4 作为 ADC 输入 即 B 相电压  下降沿中断
          Break;
        case 3： //BC
          CCAP0H=0;CCAP1H=0;OUTL_U=0;OUTL_W=0;// 关闭 MOS 管的相序
          OUTL_V=1;CCAP2H=PWM_Value;            // 打开 MOS 管的相序
          ADC_CONTR=0XEB;NIEPIE_A;
```

```
            // 选择 P1.3 作为 ADC 输入 即 A 相电压　上升沿中断
      Break;
    case 2:  //BA
      CCAP1H=0;CCAP2H=0;OUTL_U=0;OUTL_W=0;// 关闭 MOS 管的相序
      OUTL_V=1;CCAP0H=PWM_Value;            // 打开 MOS 管的相序
      ADC_CONTR=0XED;NIEPIE_B;
            // 选择 P1.5 作为 ADC 输入 即 C 相电压　下降沿中断
      Break;
    case 1:  //CA
      CCAP1H=0;CCAP2H=0;OUTL_U=0;OUTL_V=0;// 关闭 MOS 管的相序
      OUTL_W=1;CCAP0H=PWM_Value;            // 打开 MOS 管的相序
      ADC_CONTR=0XEC;NIEPIE_A;
            // 选择 P1.4 作为 ADC 输入 即 B 相电压　上升沿中断
      Break;
    case 0:  //CB
      CCAP2H=0;CCAP0H=0;OUTL_U=0;OUTL_V=0;// 关闭 MOS 管的相序
      OUTL_W=1;CCAP1H=PWM_Value;            // 打开 MOS 管的相序
      ADC_CONTR=0XEB;NIEPIE_B;
            // 选择 P1.3 作为 ADC 输入 即 A 相电压　下降沿中断
      Break;
    Default:
      Break;
    }
  }

}
```

习　题　5

1.MCU 电路的作用是什么?

2.BEC 电路的作用是什么?

3.电机驱动电路有哪几种方式?

4.反电动势过零检测电路的作用是什么?

5.简述电调的作用。

6.简述电调的工作原理。

第6章 无人机电机和电调的安装与测试

内容提示

无人机电动动力系统包括电机、电调、螺旋桨和电池等部件，在安装动力系统时需要掌握安装方法。电调通过焊接固定在机架的下底板上，焊接后要保证可靠连接，不能出现虚焊、表面不光滑、有毛刺等现象。电机的三根线分别与电调的三根输出线通过香蕉头连接，在测试时如果电机的旋转方向有错，则交换任意两根线即可。安装完成后，要对电调进行油门行程校准。为保证无人机测试安全，应首先进行不带桨测试。

教学要求

(1) 掌握电机、电调的安装方法。

(2) 掌握电调的焊接方法。

(3) 掌握电调的校准方法。

(4) 掌握电机的调试方法。

内容框架

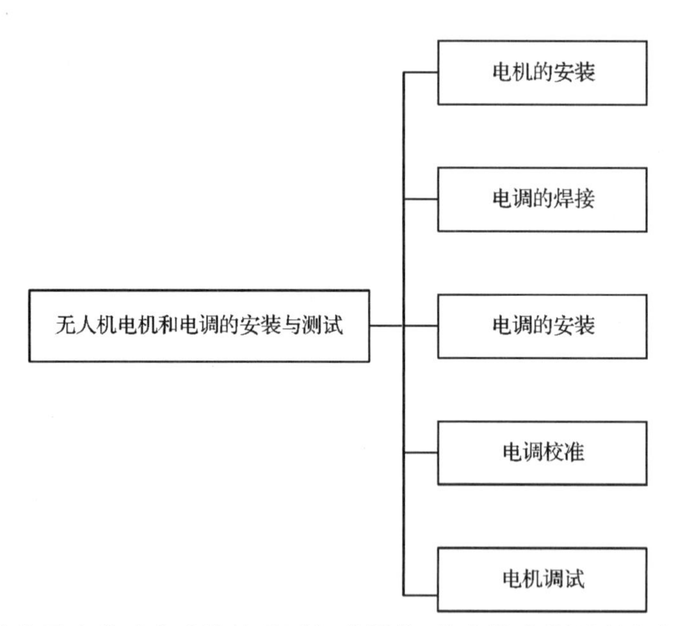

电机与电调作为无人机动力系统的重要组成部分，其安装和调试的好坏直接决定无人机飞行性能的好坏，因此对无人机电机与电调进行高质量的安装与调试是无人机装配环节中重要的一环。

在电机与电调安装前，需要准备一些必备的工具和耗材。所需的工具和耗材如图 6－1 所示。

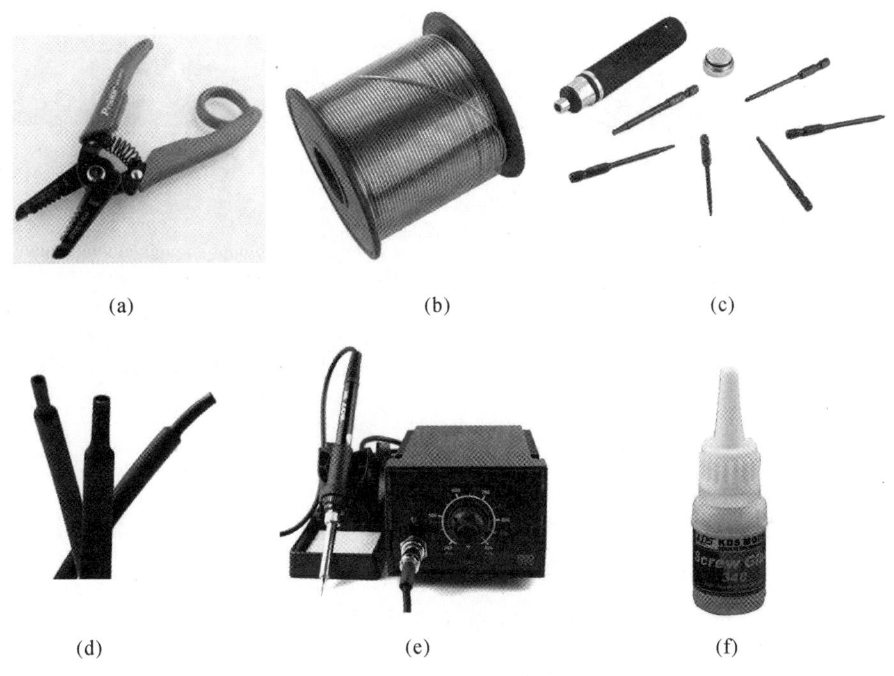

图 6－1　安装电机与电调所需工具

(a)剥线钳；(b)焊锡丝；(c)内六角螺丝刀；(d)热缩管；(e)恒温烙铁；(f)螺丝胶

6.1　电机的安装

(1)准备好内六角螺丝刀、螺丝胶、M3×8 内六角螺丝，并检查需要的安装设备和部件。

(2)把电机放在如图 6－2 所示机臂电机安装座上并对准孔位，电机线向中心板方向，三条电源线分别向下穿过机臂孔(见图 6－3)。

图 6－2　机臂

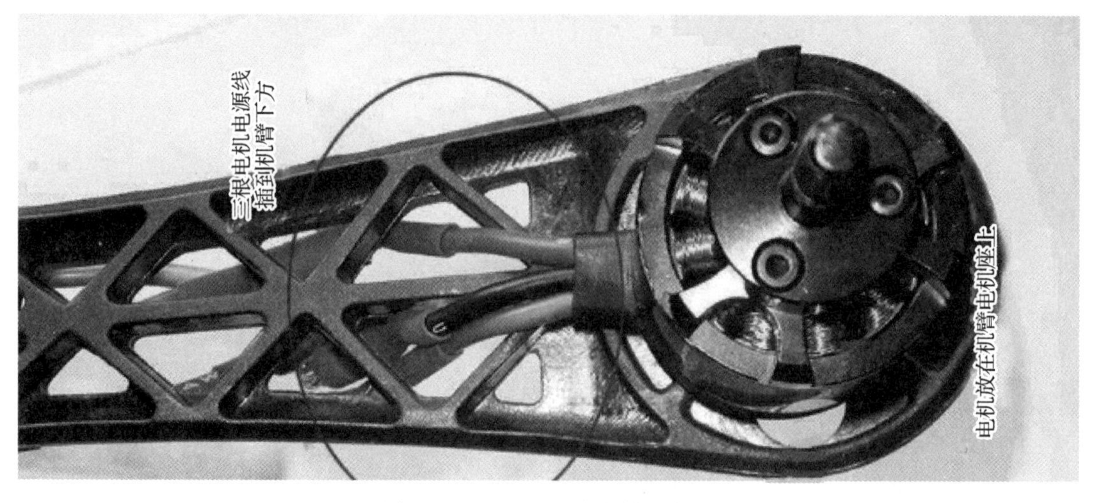

图 6-3　电机电源线安装示意图

(3)在机臂附带的电机安装螺丝的螺纹部分涂螺丝胶(见图 6-4)。

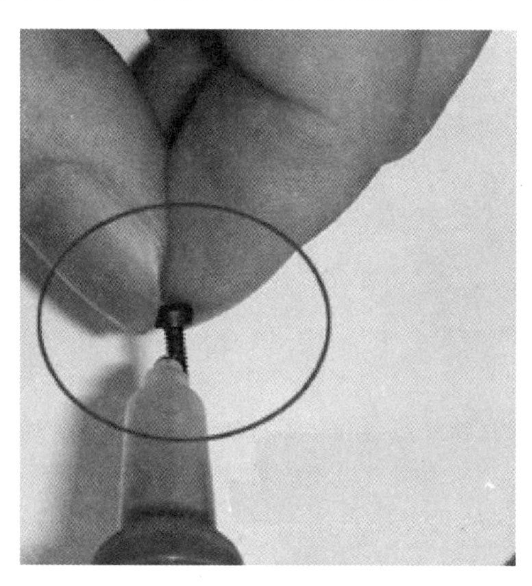

图 6-4　涂螺丝胶

(4)确定了位置,就可以安装螺丝,将电机固定在机臂上。将螺丝放入孔位并拧紧,拧螺丝时注意不要先将一边的螺丝拧紧,而是先将一个电机的所有螺丝拧上,再将每个螺丝拧紧。安装时,注意电机应该安装的位置,螺丝是安装在电机的底部。电机固定好以后,还需要用手稍加用力摇动电机,检查是否将电机固定牢固。

(5)拧紧后,要通过电机座的散热孔观察下,螺丝有没有太长而顶到电机定子上(否则会碰到电机定子的线圈,后果是引起线圈短路而烧毁电机)。

6.2　电调的焊接

电调一般安装在下中心板上，安装时需要注意安装的线路走线方式，其电源正极线要和下中心板正极焊盘相连，电源地线要和下中心板负极焊盘相连。连接示意图如图 6－5 所示。

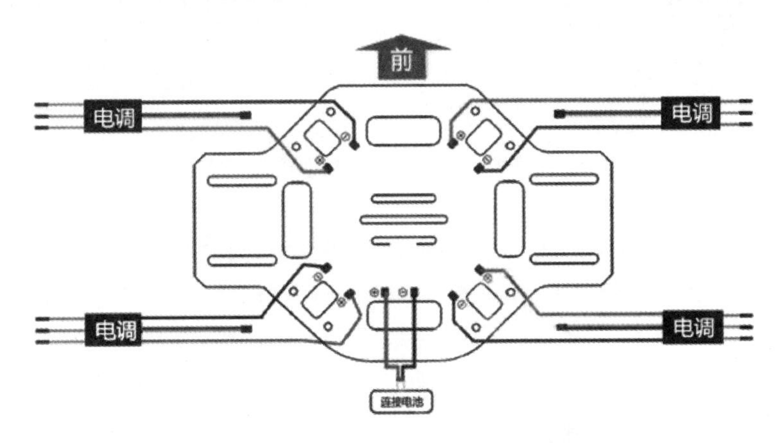

图 6－5　电调和下中心板连接图

电调焊接前，需要准备的配件和器材有下中心板、电调、烙铁、焊锡丝和松香等。

(1)放好下中心板，有标记“＋、－”号的向上，并用纸先擦干净标记“＋”和“－”上的触点，放置好的下中心板如图 6－6 所示。

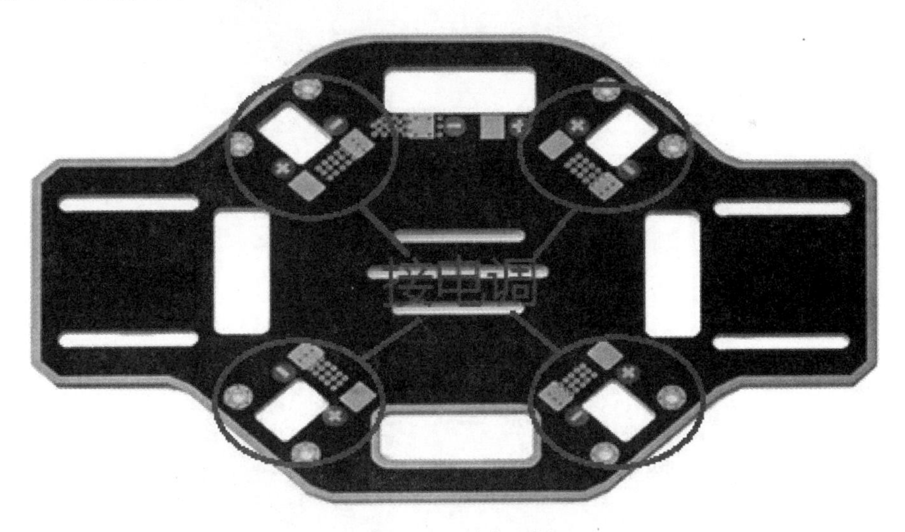

图 6－6　下中心板

(2)在触点上放适量松香，一手用电烙铁加热触点，另外一只手不断地送焊锡丝到触点上，直到整个触点都盖上一层较厚的焊锡，镀好锡的下中心板如图 6－7 所示。注意焊锡区千万不要超出触点的范围。

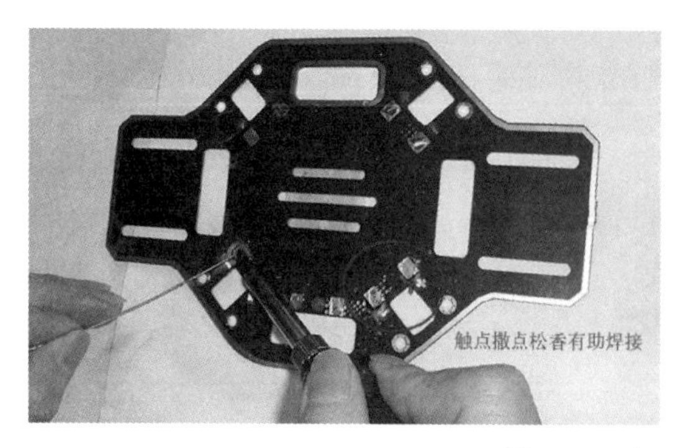

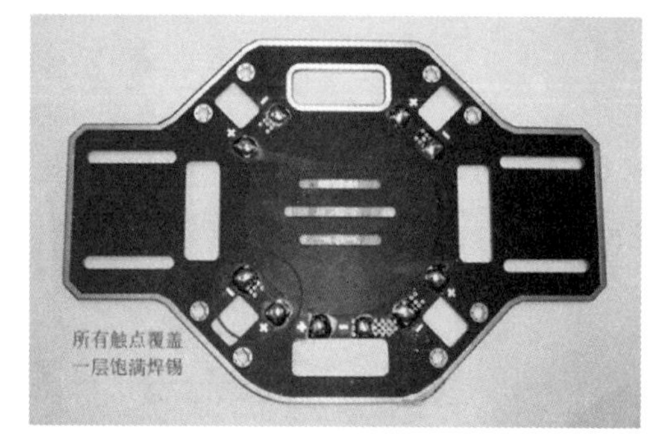

图 6-7　在下中心板上镀锡

(3)拿出一个电调,电调平整面向上,电调红黑两线端对着下中心板的一组“+”和“−”的触点处,加少量的焊锡丝在触点上,用电烙铁把红色线焊接在“+”号的触点上,把黑色线焊接在“−”号的触点上,如图 6-8 所示。正、负两极千万不要弄错,否则一接电源就会烧掉电调。用同样的方式焊接上剩余的电调,最终效果如图 6-9 所示。

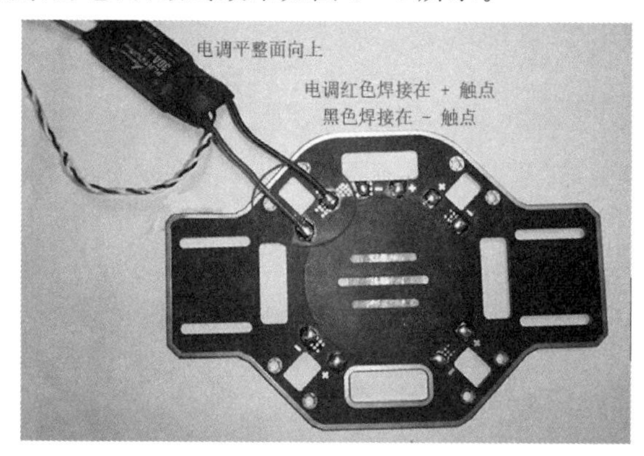

图 6-8　电调与下中心板的焊接

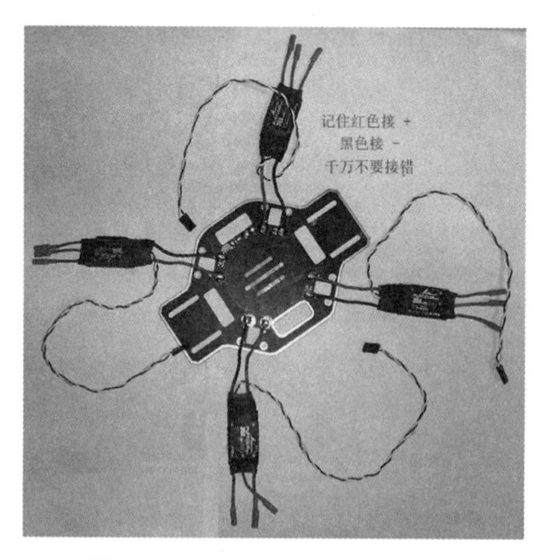

图 6-9　电调与下中心板连接图

6.3　电调的安装

(1)为了防止安装电调后会松动,剪一块 3 cm×1 cm 的海绵双面胶,撕掉海绵双面胶一面的薄膜,粘在电调平整面的中间(见图 6－10)。电调的这面装有散热片,不能把整个面都用海绵双面胶覆盖。如果四轴无人机的工作电流小于 14 A,电调发热量不大,且安装的时候有散热片的平整面向上,螺旋桨旋转产生的风能带走电调的热量,所以就算是覆盖部分散热片也对散热影响不大。

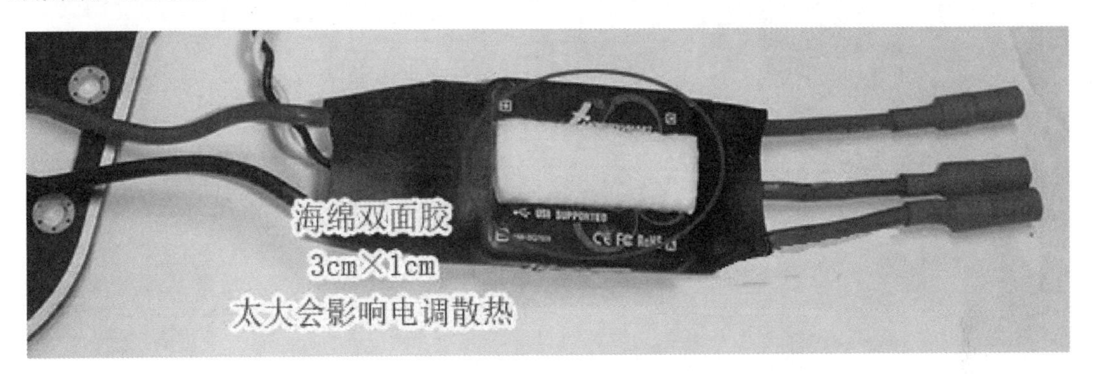

图 6－10　海绵双面胶粘在电调平整面上

(2)拿出一条红色的机臂,把电调上海绵双面胶的另一面薄膜撕掉,粘在机臂上(见图 6－11)。为了让 4 个电调安装的位置一致,粘电调的时候,要粘在从机臂上螺丝那头开始数的第一节位置。然后用扎带放在电调中间,紧紧地扎紧在机臂上。

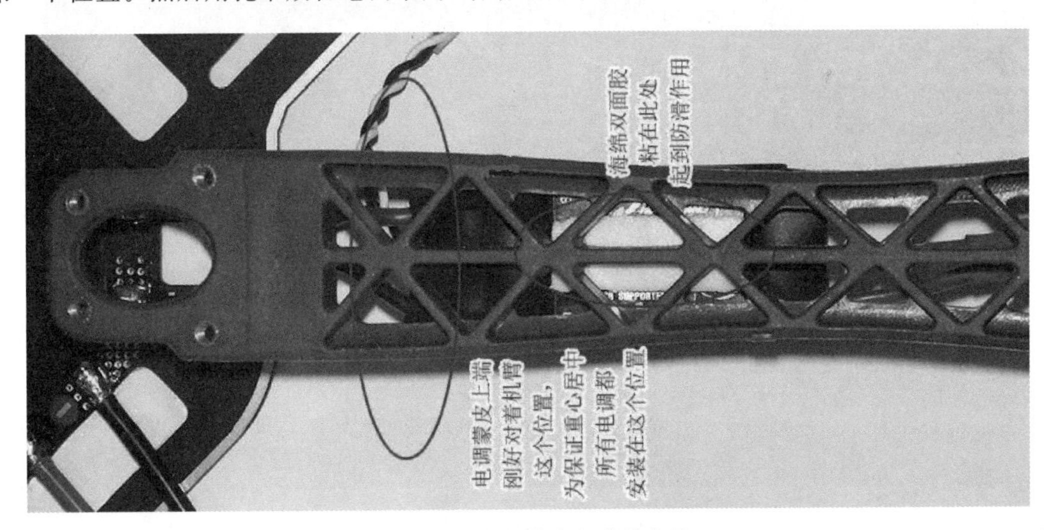

图 6－11　电调粘在机臂的位置

(3)注意扎带要绑在电调中间,且打结的位置要在机臂的侧棱上,不能打在电调上,防止压坏电调(见图 6－12)。

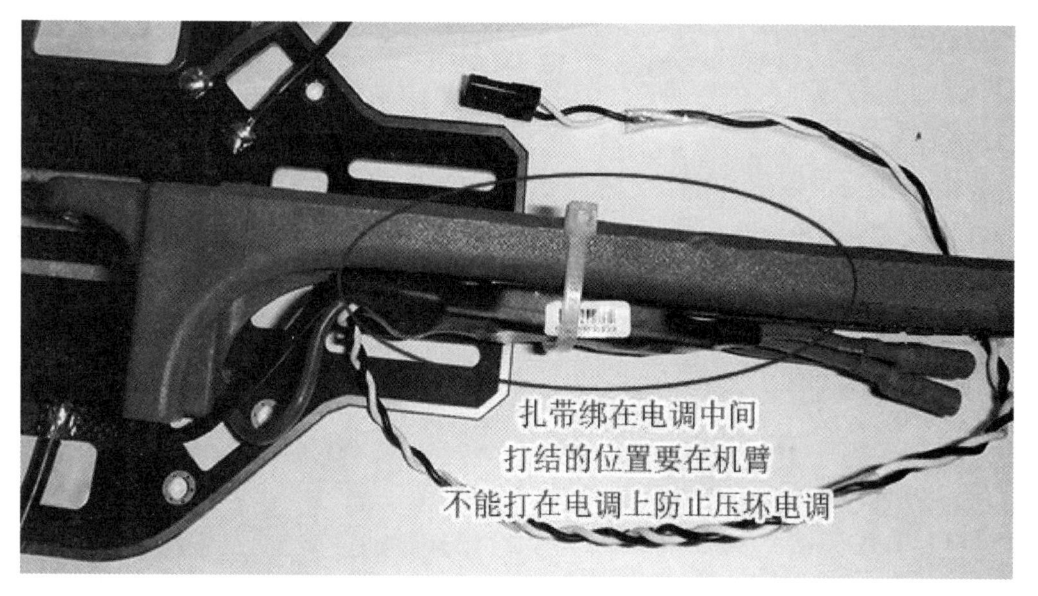

图 6-12　扎带绑紧电调与机臂

(4)为了使电调电源线具有很好的隔离效果，通常要在电调与下中心板的焊点上打上热熔胶，效果如图 6-13 所示。

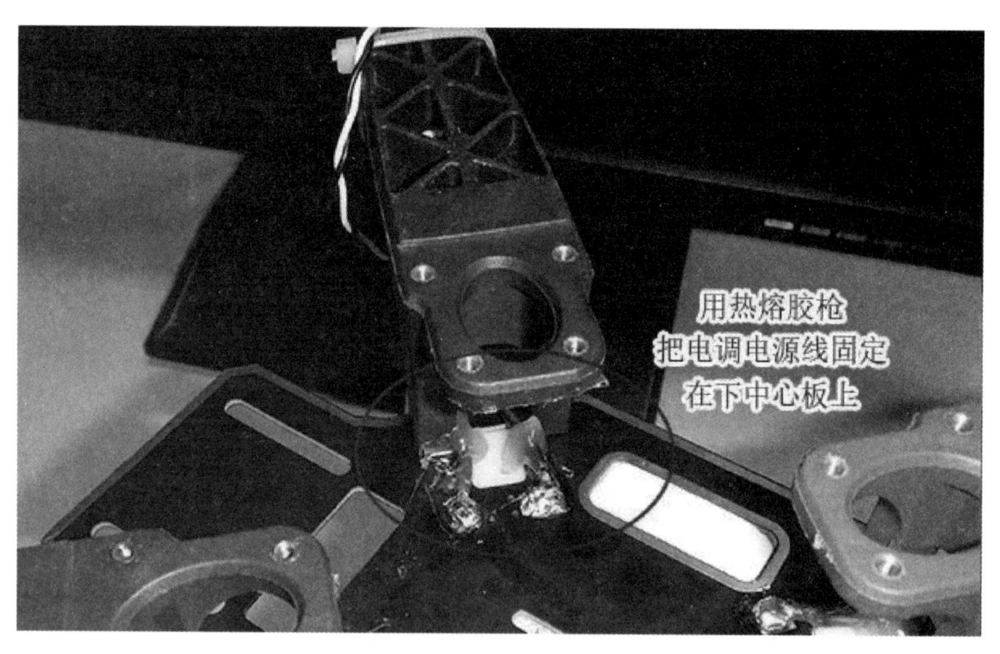

图 6-13　热熔胶涂在焊点上

(5)用同样的方法，把剩余的电调装在机臂上，由于下中心板已经焊接好电调，安装的时候注意不要扯断电线。

(6)将电调数据线接到飞控件对应的 OUTPUT 接口上(如与 1 号电机相连的电调的数据

线要和 1 号 OUTPUT 口相连)，注意白色为信号线，黑色为地线，不要接反(见图 6-14)。

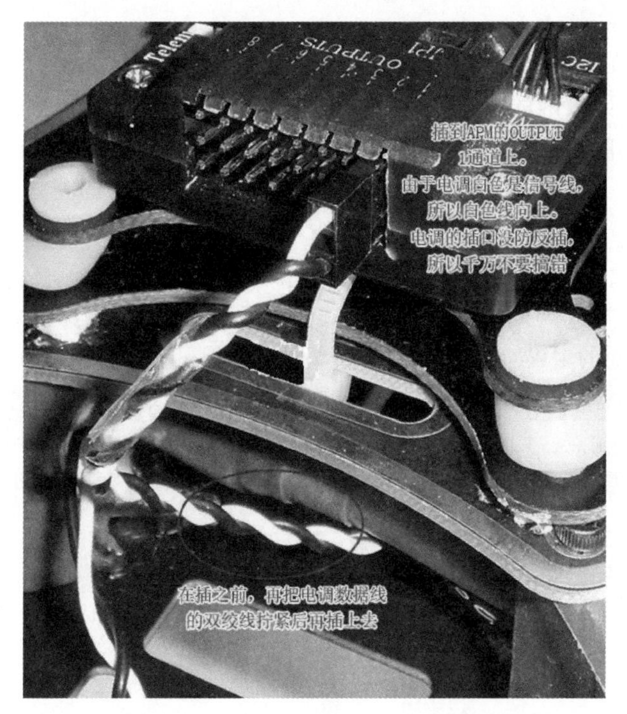

图 6-14　电调数据线和飞控件的接线图

6.4　电调校准

电子调速器负责使电机运行在飞控(即 APM 或 PX4)所请求的旋转速度。多数电调需要校准，其目的是让电调记住遥控油门的最大值和最小值，这样它们才能知道飞控发出的最小与最大的 PWM 值。

电调校准基于所使用的电调的品牌会有所不同(比如 DJI Opto 电调不需要也不支持校准)，所以需要参考你所使用的品牌的电调的文档查看特定信息(比如音调)。多数电调使用"一次性校准"便可工作良好，如果失败了再尝试"手动逐个电调校准"方法。

6.4.1　电调逐个校准

电调校准可以单个电调分别连接遥控接收机的油门通道，逐个进行。具体步骤如下。

(1)在校准电调之前，请确保你的飞行器上没有安装螺旋桨，飞控没有通过 USB 连接到你的电脑，锂电池也没有连接。

(2)电调先不要上电，电调需要接好电机，校准过程中的声音提示都是通过电机发声的。

(3)将电调的杜邦线连接到遥控接收机的油门通道(通常为通道 3)，打开发射机，然后将油门摇杆置于最大(全满)，在油门摇杆的最大状态下给电调上电，电调"滴滴"两声进入校准模式，此时迅速拉低油门，电调"嘀"一声或者一串音乐符后校准成功。

一段音乐声而后有两个"哔"音，在两个"哔"音之后，将油门摇杆放低至最低。然后你会听到几声“哔”音(每一声代表你所使用的电池的一芯),随后一个长“哔”声表示终点已被设定而且电调已校准。

(4)断开电池。在所有电调上重复这些步骤。

如果出现电调不能校准的情况,说明发射机上的油门通道可能需要反向。如果在尝试了这些方法之后仍遇到问题(比如电调仍旧响个不停),尝试调低你的油门微调 50%,另外可以尝试在插上锂电池之前先通过 USB 给飞控板供电启动它。

6.4.2 电调一次性校准

电调一次性校准模式只是简单地让飞手的油门通过飞控直达电调。如果以这个模式启动飞控,你将会发送相同的 PWM 信号到所有电调上,这就是它所做的一切。许多电调在启动时使用全油门来进入编程模式,全油门位置在此时被储存为上端点,当你把油门向下拉到零时,那个位置被储存为下端点。因此电调校准也可以通过飞控进行。具体步骤如下。

(1)连接好所有需要连接的设备,包括接收机、飞控、所有电调及电机(电机不能装桨),不要给飞控和电调上电。

(2)打开遥控器电源,把油门摇杆推最大(见图 6-15)。

图 6-15 油门杆推到最大

(3)给飞控件上电(见图 6-16),在飞控件自检过程中检测到油门通道是最大值状态,飞控件就不会进入正常的启动模式状态,而是记录这个状态,使飞控件下一次上电时进入一种电调校准模式状态,此时飞控件的 LED 灯是红绿蓝三色滚闪的。

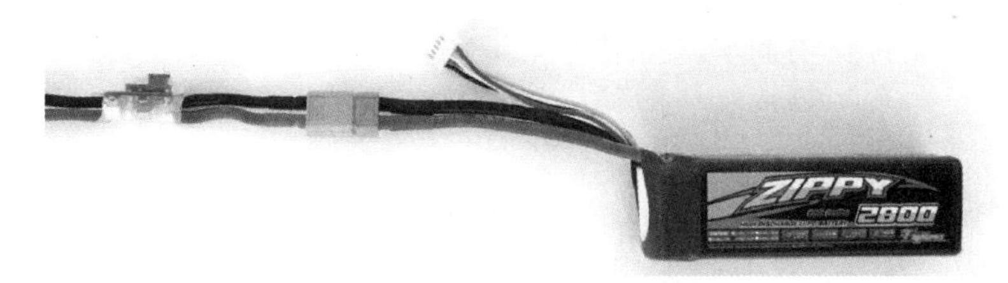

图 6 - 16　锂电池给飞控件供电

(4)给飞控件断电，然后再次保持遥控油门最高的状态给飞控件重新上电，飞控件自检后蜂鸣器“嗒”音长鸣一下，LED 灯红绿蓝三色滚闪，飞控件就正式进入电调校准模式。

注：对于 PX4 飞控件来说，此时协处理器的安全开关还没有解锁，遥控的油门最大信号还无法通过协处理器输出给电调，此时按住解锁开关，遥控的油门最大信号就会同步输出给所有的在线电调。

(5)等待你的电调发出音乐声，“哔”音数量通常表明你的电池芯数(即 3 声为 3S，4 声为 4S)，接下来另外两个“哔”音表示最大油门已被捕获。然后立刻拉低油门(见图 6 - 17)，电调“嘀”一声或者一串音乐符后表示最小油门已被捕获，校准已完成。

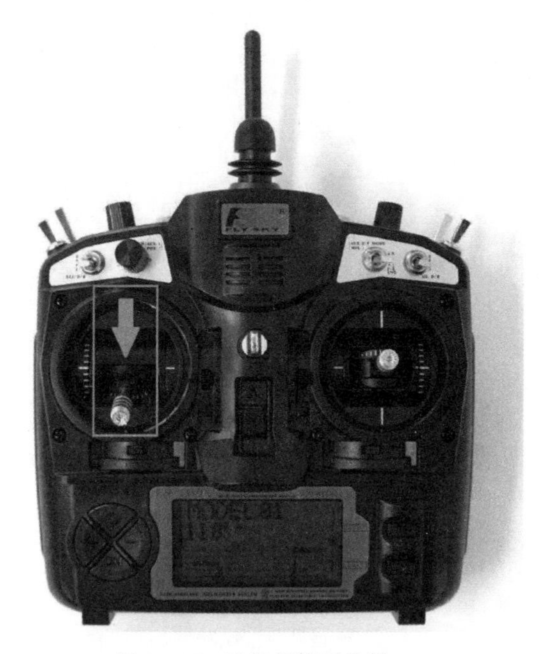

图 6 - 17　油门杆拉到最低

(6)再次断电，保持油门摇杆最低给飞控件上电，飞控件就会退出电调校准模式而以正常模式启动了。

6.4.3　电调测试

在电调校准完成后，便可以连接电池进行测试。在测试时千万不要装螺旋桨，而且建议对电调进行基本设置，使得电调满足不同应用场景的性能要求。现在对功能设置做简要说明。

(1)刹车设定：无刹车/有刹车，默认值为无刹车。

(2)电池类型：Li-xx(锂电池)/Ni-xx(镍镉或镍氢)两大类电池，默认值为Li-xx(锂电池)。

(3)低压保护模式：逐渐降低功率/立即关闭输出，默认值为逐渐降低功率。

(4)低压保护阈值：低/中/高，默认值为中截止电压。

(5)启动模式：普通/柔和/超柔和启动，默认值为普通启动。普通启动适用于固定翼，柔和/超柔和启动适用于直升机。柔和启动和超柔和启动的初始转速都比较低，从启动到全速分别需要1 s和2 s，但启动后若关闭油门，3 s内再次启动时则均以普通模式启动，以免在做一些特技飞行动作时因反应过慢而导致摔机。

(6)进角：低/中/高，默认值为低进角。一般情况下，低进角可以适应较多的电机。但是因为电机的结构差异很大，请试用各个进角以获得满意的驱动效果。为提高转速，可以将进角设为高进角。改变进角设置后，建议先在地面进行测试，然后再飞行。

电调测试时，首先将发射机的飞行模式切换为“自稳(Stabilize)模式”。解锁飞行器，给一个小量的油门，所有电机应该以大致相同的速度旋转，并且它们也应该在同一时间起转。如果电机没有在相同的时间起转，旋转也不在同一速度，那么电调仍没有正确校准，应该重复校准过程。如果尝试上述自动校准后，仍不起作用，可能的原因是电调驱动电机不一致，尝试上述手动校准方法(很少的情况下，在全手动校准之后还需要做一次额外的最终自动校准)。

上述方法对于大量品牌和种类的电调都适用，但是还有一些电调不遵从普通编程惯例。它们可能根本不能以这种方式与飞控协同运行。

6.5 电机调试

飞行器的构型和飞机机头指向决定飞行器电机的运转方向，这里以“X”型四旋翼无人机为例来说明电机调试过程。如图6-18所示为“X”型四旋翼无人机上的电机旋转方向示意图。图中1、2、3、4为电机序号，也是接到飞控OUTPUT的通道号。

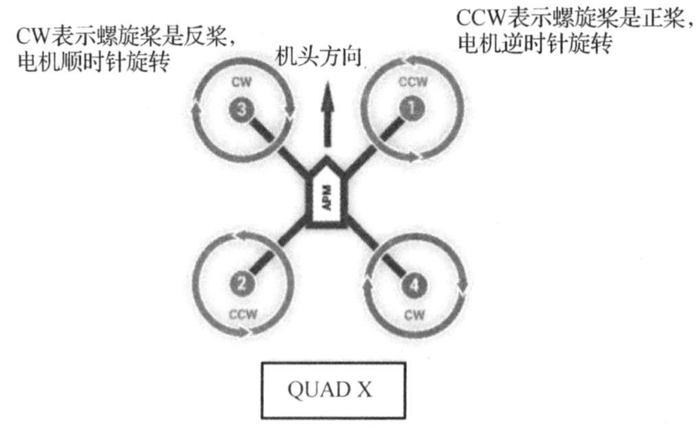

图6-18 电机旋转方向示意图

电机1和电机2是逆时针旋转，电机3和电机4是顺时针旋转。在电调与电机接线的时候，三条线是随便插的，电机的旋转方向依赖这三条线的接线顺序。现在先测试电机的旋转方向。

（1）由于安全问题，电机还没有安装螺旋桨，单靠肉眼观察电机转向的话有点难度，所以在电机轴上粘块电工胶布，能更好地观察到电机的旋转方向，如图 6－19 所示。

图 6－19　粘有电工胶布的电机

（2）打开遥控器电源，给飞行器接上电源线，然后解锁。轻轻地推动遥控器的油门杆，让电机旋转起来（如果没禁用飞机怠速，飞控一解锁电机就会旋转），观察电机的旋转方向与图 6－18 是否一致，记下旋转方向有错的电机序号。

（3）断开飞行器电源，找到旋转方向有错的电机，任意对调其与电调连接的三个香蕉头中的两个，然后再插上去，如图 6－20 和图 6－21 所示。

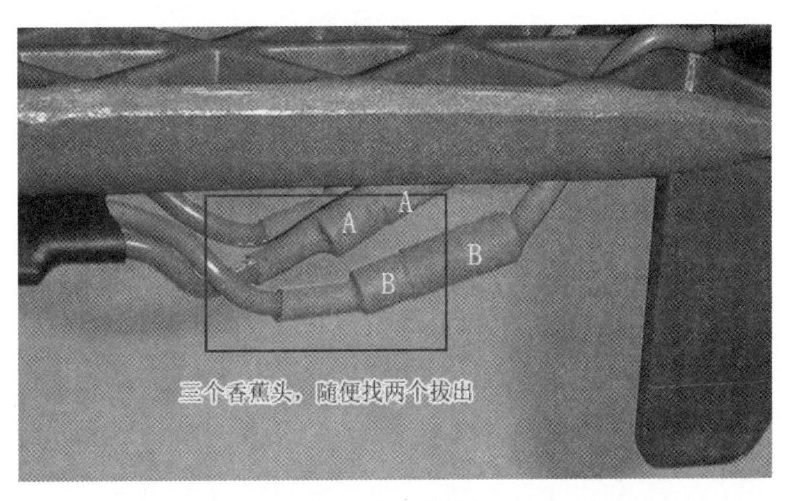

图 6－20　香蕉头

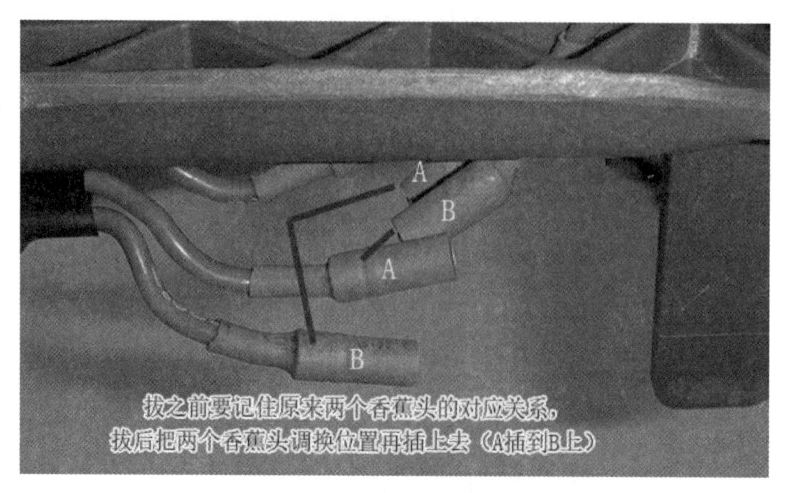

图 6-21　任意对调两个香蕉头

(4)全部处理好旋转方向出错的电机后，接上飞行器电源线，重新检查一次 4 个电机的旋转方向是否正确。这个步骤非常重要，如果电机的旋转方向不对，飞起来肯定会炸机。

习　题　6

1.电调功能的设置项目有哪些？

2.CCW、CW 分别代表什么意思？

3.如何判断电机的旋转方向？当旋转方向错误时，如何校正？

4.当无人机动力系统安装完成后，如何进行动力系统的调试？

5.简述电调的安装步骤。

第 7 章　无人机电机与电调的维护与维修

内容提示

电机、电调、电池是无人机动力系统中的关键部件，关系到无人机的飞行安全。电机、电调、电池都有正常使用时间，超过使用时间就必须要进行维修或更换。在正常工作时间内，也要学会如何对动力系统进行维护保养。如果工作中发生故障，要能够及时发现并排除，因此要了解一些电机、电调、电池的常见故障现象，以及如何排除故障等。

教学要求

(1) 了解无刷电机的常见故障现象。

(2) 了解无刷电机的常见故障处理方法。

(3) 了解无刷电调的常见故障现象。

(4) 了解电机与电调的检测与维修。

(5) 了解电机、电调、电池的日常维护。

内容框架

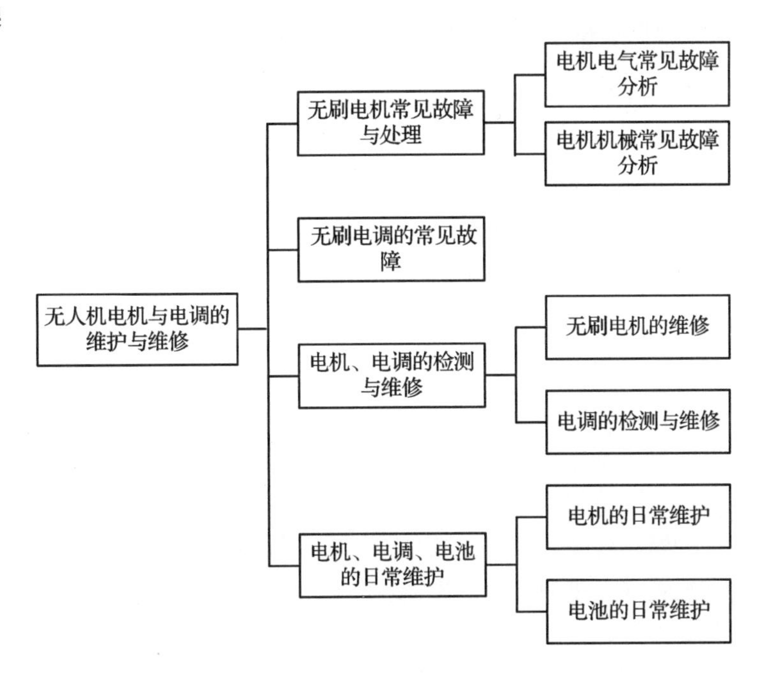

7.1 无人机电机的常见故障与处理

7.1.1 电机故障原因分析

在使用中导致电机故障的原因有很多，以下列出了五种最为常见的原因。如果正确使用和维护电机，环境管理得当，可以大大提高电机的使用寿命。

(1)潮湿。潮湿本身会侵蚀电机部件，导致电机生锈，增大摩擦。当潮湿和空气中的颗粒污染物混合起来，更是会对电机产生致命伤，进一步缩短电机寿命。

(2)供电问题。高频开关和脉冲宽度调制引起的谐波电流可能导致电压和电流失真、过载和过热，从而缩短电机及部件的寿命，增加长期设备成本。另外，电涌本身还会造成电压过高和过低。要解决这个问题，必须持续关注和检查供电状况。

(3)灰尘和污染。空气中的各类悬浮颗粒会进入电机内部，并产生各种危害。腐蚀性颗粒可能磨损部件，导电颗粒可能干扰部件电流。而颗粒一旦堵塞冷却通道，又会加速过热。

(4)过热。过热是电机故障的最大元凶。理论上，每增加 10℃热量，绕组绝缘的寿命就会减半。所以，确保电机在合适的温度下运行是延长其寿命的最佳方式。

(5)润滑不当。润滑是一个度的问题。过度润滑或者润滑不够都会产生危害。另外，也要注意润滑剂中的污染问题，以及使用的润滑剂是否适合手头的任务。

以上这些问题都是相互关联的，单独处理其中一个很难完全解决所有问题。同时，这些问题也具备一个共同点：如果正确使用和维护电机，环境管理得当，可以预防这些问题。

7.1.2 电机电气常见故障分析与处理

(1)接通电源，电机无法启动。

(2)接通电源，电机不转但有“嗡嗡”声。

可能原因：①由于电源的接通问题，造成单相运转；②电机的运载量超载；③被拖动机械卡住。

处理方法：第一种情况需要检查电源线，主要检查电机的三相绕组是否有断线和短路；第二种情况将电机卸载后空载或半载启动；第三种情况估计是由于被拖动器械的故障，卸载被拖动器械，从被拖动器械上找故障。

(3)启动后发热，超过温升标准或冒烟。

可能原因：①电源电压不正确，电机在额定负载下升温过快；②电机运转环境的影响，如湿度高等原因；③电机过载或单相运行。

处理方法：第一种情况检查电池的 S 数是否正确；第二种情况加强对环境的检查，保证环境的适宜；第三种情况检查电机的启动电流，发现问题及时处理。

(4)绝缘电阻低。

可能原因：①电机内部进水，受潮；②绕组上有杂物，粉尘影响；③电机内部绕组老化。

处理方法：第一种情况对电机内部烘干处理；第二种情况处理电机内部杂物；第三种情况

及时检查绕组老化情况，及时更换绕组。

(5)电机运行时声音不正常。

可能原因：①电机内部导线断路或短路，电流不稳引起噪声；②电机内部年久失修，或内部有杂物。

处理方法：第一种情况需要拆开电机进行全面检查；第二种情况可以处理杂物或更换轴承室。

(6)电机振动。

可能原因：①电机安装的部位不平整；②电机外部转子不稳定；③转轴弯曲。

处理方法：第一种情况需要为电机安装平稳底座，保证平衡性；第二种情况需要校对转子平衡；第三种情况需要校直或更换转轴。

7.1.3　电机机械常见故障分析与处理

1.定子铁芯故障检修

定子都是由相互绝缘的硅钢片叠成，是电机的磁路部分。定、转子铁芯的故障原因主要有以下几点。

(1) 轴承使用时间久，过度的磨损造成定、转子相擦，使铁芯表面损伤，进而造成硅钢片间短路，电机铁损增加，使电机温升过高，这时应用细锉等工具去除毛刺，消除硅钢片短接，清除干净后涂上绝缘漆，并加热烘干。

(2) 因受潮等原因造成铁芯表面锈蚀，此时须用砂纸打磨干净，清理后涂上绝缘漆。

(3) 铁芯与机座之间的固定松动，可重新固定。如果定位螺钉不能再用，就重新进行定位，旋紧定位螺钉。

2.电机轴承故障检修

转轴通过轴承支撑转动，是负载最重的部分，又是容易磨损的部件，因此应该对轴承进行经常性检修与维护。

(1) 故障检查。运行中检查：滚动轴承少油时，可根据经验判断声音是否正常，如果声音不正常可能是由于轴承发生了断裂；如果轴承中存在沙子等杂物，也会出现杂音的现象。拆卸后检查：检查轴承是否有磨损的痕迹，然后用手捏住轴承内圈，并使轴承摆平，另一只手用力推外钢圈，如果轴承良好，外钢圈应转动平稳，转动中无振动和明显的卡滞现象，在轴承停转后没有倒退的现象，表明轴承已经报废了，需要及时地更换。左手卡住外圈，右手捏住内钢圈，然后推动轴承，如果很轻松就能转动，就是磨损严重。

(2) 故障修理。轴承表面的锈斑用砂布进行处理，然后可以用汽油涂抹；轴承出现裂痕或者出现过度的磨损的时候，要及时更换新的轴承。更换新轴承时，要确保新的轴承型号符合要求。

3.转轴故障检修

(1) 轴弯曲。如果弯曲的程度不大，可以采用打磨的办法进行修整；若弯曲超过 0.2 mm，可以借用压力机进行修整，修正后将表面磨光，恢复原样即可；如果弯曲度过大，无法修整时，要及时更换。

（2）轴裂纹或断裂。轴的横向裂纹深度不超过轴直径的10%～15%，纵向裂纹深度不超过轴长的10%时，可以先进行堆焊，再进行修整，以达到标准。如果断裂和裂纹过于严重，就要考虑更换。

4.转子外壳的检修

无人机在受到外力的作用时（如不小心炸机），有可能会使电机的外壳变形，进而导致电机转动不顺畅。

机壳和端盖间的缝隙过大可通过堆焊然后修整的方法予以处理，如轴承端盖配合过松，可以使用冲子进行修整，然后将轴承打入端盖，针对大功率的电机，可以使用电镀等方式进行修整。日常维护对减少和避免电机在运行中发生故障是相当重要的，其中最重要的环节是加强巡回检查和及时排除任何不正常现象的引发根源。出现事故后认真进行事故分析，采取对策，则是减少事故次数，降低检修工作量，提高电机运行效率必不可少的技术工作。

5.电机绕组局部烧毁的原因及对策

（1）如果出现电机一相或两相绕组烧坏（或过热），一般都是因为缺相运行所致。当电机不论何种原因缺相后，电机虽然尚能继续运行，但转速下降，滑差变大，其中B、C两相变为串联关系后与A相并联，在负荷不变的情况下，A相电流过大，长时间运行，该相绕组必然过热而烧毁。因为三相异步电机绕组为Y接法的情况：电源缺相后，电机尚可继续运行，但同样转速明显下降，转差变大，磁场切割导体的速率加大，这时B相绕组被开路，A、C两相绕组变为串联关系且通过电流过大，长时间运行，将导致两相绕组同时烧坏。特殊情况下，如果停止的电机缺一相电源合闸时，一般只会发生“嗡嗡”声而不能启动，这是因为电机通入对称的三相交流电会在定子铁芯中产生圆形旋转磁场，但当缺一相电源后，定子铁芯中产生的是单相脉动磁场，它不能使电机产生启动转矩。因此，电源缺相时电机不能启动。但在运行中，电机气隙中产生的是三相谐波成分较高的椭圆形旋转磁场，所以，正在运行中的电机缺相后仍能运转，只是磁场发生畸变，有害电流成分急剧增大，最终导致绕组烧坏。

相应对策：无论电机是在静态还是动态，缺相运行带来的直接危害就是电机一相或两相绕组过热甚至烧坏。与此同时，动力电缆的过流运行加速了绝缘老化。特别是在静态时，缺相会在电机绕组中产生几倍于额定电流的堵转电流。其绕组烧坏的速度比运行中突然缺相更快更严重。所以在对电机进行日常维护和检修的同时，必须对电机相应的MCC功能单元进行全面的检修和试验。尤其是要认真检查负荷开关、动力线路、静动触点的可靠性，杜绝缺相运行。

（2）由于轴承损坏、轴弯曲等原因致使定、转子磨擦（俗称扫膛）引起铁芯温度急剧上升，烧毁槽绝缘，匝间绝缘，从而造成绕组匝间短路或对地“放炮”。严重时会使定子铁芯倒槽、错位、转轴磨损、端盖报废等。轴承损坏一般由下列原因造成。

1）轴承装配不当，如冷装时不均匀敲击轴承内圈使轴受到磨损，导致轴承内圈与轴承配合失去过盈量或过盈量变小，出现跑内圈现象；装电机端盖时不均匀敲击导致端盖轴承室与轴承外圈配合过松，出现跑外圈现象。无论跑内圈还是跑外圈均会引起轴承运行温度急剧上升以致烧毁，特别是跑内圈故障会造成转轴严重磨损和弯曲。但间断性跑外圈一般情况下不会造成轴承温度急剧上升，只要轴承完好，允许间断性跑外圈现象存在。

2）轴承腔内未清洗干净或所加油脂不干净。例如轴承保持架内的微小刚性物质未彻底清理干净，运行时轴承滚道受损引起温升过高烧毁轴承。

3)轴承重新更换加工，电机端盖嵌套后过盈量大或椭圆度超标引起轴承滚珠游隙过小或不均匀导致轴承运行时摩擦力增加，温度急剧上升直至烧毁。

4)由于定、转子铁芯轴向错位或重新对转轴机加工后精度不够，致使轴承内、外圈不在一个切面上而引起轴承运行“吃别劲”后温度升高直至烧毁。

5)由于电机本体运行温度过高，且轴承补充加油脂不及时造成轴承缺油甚至烧毁。

6)由于不同型号油脂混用造成轴承损坏。

7)轴承本身存在制造质量问题，例如滚道锈斑、转动不灵活、游隙超标、保持架变形等。

8)备机长期不运行，油脂变质，轴承生锈而又未进行中修。

相应对策：

1)卸装轴承时，一般要对轴承加热至 80～100℃，如采用轴承加热器、变压器油煮等，只有这样，才能保证轴承的装配质量。

2)安装轴承前必须对其进行认真仔细的清洗，轴承腔内不能留有任何杂质，填加油脂时必须保证洁净。

3)尽量避免不必要的转轴机加工及电机端盖嵌套工作。

4)组装电机时一定要保证定、转子铁芯对中，不得错位。

5)电机外壳洁净见本色，通风必须有保证，冷却装置不能有积垢，风叶要保持完好。

6)禁止多种润滑油脂混用。

7)安装轴承前先要对轴承进行全面仔细的完好性检查。

8)对于长期不用的电机，使用前必须进行必要的解体检查，更新轴承油脂。

(3) 由于绕组端部较长或局部受到损伤与端盖或其他附件相磨擦，导致绕组局部烧坏。

相应对策：

电机在更新绕组时，必须按原数据嵌线。检修电机时任何刚性物体不准碰及绕组，电机转子抽芯时必须将转子抬起，杜绝定、转子铁芯相互磨擦。动用明火时必须将绕组与明火隔离并保证有一定距离。电机回装前要对绕组的完好性进行认真仔细的检查确诊。

(4) 由于长时间过载或过热运行，绕组绝缘老化加速，绝缘最薄弱点碳化引起匝间短路、相间短路或对地短路等现象使绕组局部烧毁。

相应对策：

1)尽量避免电机过载运行。

2)保证电机洁净并通风散热良好。

3)避免电机频繁启动，必要时须对电机转子做动平衡试验。

(5) 电机绕组绝缘受机械振动(如启动时大电流冲击、所拖动设备振动、电机转子不平衡等)作用，使绕组出现匝间松驰、绝缘裂纹等不良现象，破坏效应不断积累，热胀冷缩使绕组受到磨擦，从而加速了绝缘老化，最终导致最先碳化的绝缘破坏直至烧毁绕组。

相应对策：

1)尽可能避免频繁启动，特别是高压电机。

2)保证被拖动设备和电机的振动值在规定范围内。

(6) 由于电机本身密封不良，加之环境跑冒滴漏，使电机内部进水或进入其他带有腐蚀性液体或气体，电机绕组绝缘受到浸蚀，最严重部位或绝缘最薄弱点发生一点对地、相间短路或匝间短路现象，从而导致电机绕组局部烧坏。

相应对策：

1)尽量消除工艺和机械设备的跑冒滴漏现象。

2)检修时注意做好电机的每个部位的密封，例如在各法兰涂少量704密封胶，在螺栓上涂抹油脂，必要时在接线盒等处加装防滴溅盒，如电机暴露在易侵入液体和污物的地方应做保护罩。

3)对在此环境中运行的电机要缩短小修和中修周期，严重时要及时进行中修。

7.2 无人机电调常见故障

电调损坏会导致电机停转，最终导致较严重的后果。电调损坏主要集中在单片机的供电、MOS驱动管 、BEC等电路。

7.2.1 无人机电调故障原因分析

无人机出现电调故障的原因主要有以下几种：

(1)炸机引起的线路损坏；

(2)由于进水引起的电调损坏；

(3)高温作业环境影响使用寿命，甚至损坏电调。

7.2.2 无人机电调故障解决措施

无人机出现电调故障的避免措施主要有以下几种：

(1)炸机大多数情况是因飞控手原因引起的，平时必须模拟实际飞行场景训练，特别是要模拟复杂环境的飞行进行强化训练；

(2)清洁无人机时，不要将水溅到电调；

(3)雨天不要飞行作业；

(4)高温条件下不要飞行作业；

(5)避免无人机在电调故障时“带病”作业。

7.2.3 无人机电调的日常维护

无人机电调若出现问题，轻则使电机停转，重则使无人机炸机，后果无法预料。对无人机电调进行日常检修与维护是非常必要的，在无人机进行作业前，对电调的维护主要包括以下几方面的内容：

(1)作业前认真检查电调，若发现问题，必须及时维修或更换电调，电调内部结构如图7-1所示。

(2)用万用表检查主控到电调的信号连接线，若发现断路，必须及时更换线材。

(3)检查焊点处信号线焊接情况,若发现短路,必须重新焊接。

(4)如果排除线路断路后还有报警信号,必须更换电调。

图 7－1　电调内部结构图

7.3　无人机电机与电调的检测与维修

7.3.1　无人机电机的维修

1.电机的拆卸

电机的拆卸是一个非常细致而且有一定技巧的工作,在拆卸电机前,为保证电机修复成功,通常需要做一些准备工作。

(1) 在拆卸前,要用压缩空气吹净电机表面灰尘,并将表面污垢擦拭干净。

(2) 清理电机拆卸的工作现场,使现场保持干净整齐。

(3) 熟悉电机的结构特点和检修技术要求。

(4) 准备好解体所需工具(包括专用工具)和设备,如镊子、尖嘴钳、螺丝刀、热风枪、电烙铁、万用表、焊锡丝等。

现场环境。为了进一步了解直流低压伺服电机运行中的缺陷,有条件时可在拆卸前做一次检查试验。为此,将电机带上负载试转,详细检查电机各部分温度、声音、振动等情况,并测试电压、电流、转速等,然后再断开负载,单独做一次空载检查试验,测出空载电流和空载损耗,做好记录。切断电源 ,拆除电机外部接线,做好记录。选用合适电压的兆欧级电阻表测试电机绝缘电阻。为了跟上次检修时所测的绝缘电阻值相比较以判断电机的绝缘变化趋势和绝缘状态,应将不同温度下测出的绝缘电阻值换算到同一温度,一般换算至 75℃。测试吸收比 K,当吸收比大于 1.33 时,表明电机绝缘不曾受潮或受潮程度不严重。为了跟以前数据进行比较,同样要将任意温度下测得的吸收比换算到同一温度。

2.主轴的更换

无刷直流电机的主轴是一个较容易损坏的部件,无人机在使用过程中,螺旋桨有可能会碰到一些硬物，造成电机主轴变形，影响电机的使用性能，这时就需要通过更换主轴的方法来对电机进行修复。

在拆卸电机主轴前，要先将电机底座下的主轴卡环用尖嘴钳取下来，然后把电机的外转子和主轴慢慢取出。由于磁铁的吸引力，可以采用工具将外转子和主轴从电机的轴承中缓慢拉出来。主轴和转子之间通过一个细小的内六角螺丝固定，用内六螺丝刀将螺丝拧出就可以把主轴拆下来。换上新的主轴后按同样的方法进行安装即可。

如果电机用的是自锁桨，则电机的转子与主轴是一体的，需要将主轴和转子一起更换，更换方法相同。

3.轴承的更换

无刷直流电机在使用一段时间后，轴承内部的滚珠有可能磨损而导致轴承旋转不顺畅，电机运转过程中出现一些异响，这时需要更换电机轴承。

在拆卸轴承前，要先将电机的外转子和主轴拆下，拆卸方法同上。电机通常有两个轴承，分别在电机的上、下两端。轴承一般用胶水进行固定，可以用热风枪或电烙铁对轴承进行加热，注意要控制热风枪的温度。边加热边用镊子将轴承往外缓慢拉，加热一段时间后就可以将轴承取出来，换上新的轴承用胶水固定即可。

7.3.2　无人机电调的检测与维修

1.MOS管的检测与维护

将MOS管拆卸下来，如图7-2和图7-3所示。

图7-2　电调的内部图

图 7－3　电调中的 MOS 管实物图

电调损坏，最常见的是 MOS 管烧坏，所以第一步就应该检查并更换损坏的 MOS 管，建议不一定要更换同一批次的，当然同一批次的一致性会更好。只有先修复 MOS 管驱动部分，才可以继续维修其他部分。有的电调烧后，明显可以看到 MOS 管烧坏的痕迹，有的不明显甚至看不出来，最好的方法是用热风拆焊台把全部 MOS 管拆下来，逐个检查好坏，在线检测有时不一定可以反映出各 MOS 管的状况，也可以用功率比较大的烙铁拆卸，但这样比较麻烦。在线检测 MOS 管的话一定要把电机去除，否则测到的是电机线圈的电阻。

MOS 管的检测方法：业余条件下 MOS 管的检测可以用以下方法。

对于 N 沟道 MOSSO8 封装的，1－3 脚 S 是并联的，4 脚 G 是信号，7－8 脚 D 是并联的，万用表在二极管挡，黑表笔接 7－8 任意脚，红表笔接 1－3 任意脚，应该有 500～600 mV（各种型号略有差异）的正向导通压降，如果反过来红表笔接 7－8，黑表笔接 1－3，则为不导通，显示无穷大，这种检测方法和检测二极管是一样的，接下来黑表笔不变，红表笔接 4 脚，相当于给 MOS 管一个触发信号，这时候 MOS 管就应该导通，再把红表笔接到 1－3 脚的任意脚，这时候的导通压降应该是 0 了，也就是说 MOS 管导通了。反过来，如果这时候把红表笔接 7－8，黑表笔接 4，则 MOS 管应该关闭，1－3 与 7－8 之间又会回到 500～600 mV 的正向压降，这样的 MOS 管就是好的。

烧坏的 MOS 管检测的时候，7－8 脚与 4 脚表现为导通，一般应该是不导通的，只要 7－8 脚与 4 脚导通，这个 MOS 管就一定是坏的。

所有 N 沟道的 MOS 管都是可以这样检测的，如果对脚位不了解，可以查找 MOS 管型号的详细 PDF 资料，P 沟道的检测与 N 沟道的相反。

而对于末端 MOS 管的烧坏来说，这是由于半桥损坏导致的，重新检修好 MOS 管后更换半桥。有的是因为单片机的问题导致的，但是比较少。

在检修 MOS 管的时候，一般现在都是几个 MOS 管并联扩流的，为了减少损失，一般并联部分的 MOS 管先只用一个上去，这样要烧的话也只烧一个，等确认修好了，再把其他 MOS 管全部装上去，另外 PCB 一定要完好，如果 PCB 内部断线，会走很多弯路，从目前的维修经验来看，PCB 断线的情况也时有发生，有的一眼就能看出来，有的是内部断路，表面却一点也看不出来，这种情况 XXD 电调发生得比较多，而且是小电流的前级板。

在维修凤凰电调的时候，合板后，请尤其注意板对板连接器的接触是否良好。

2.电调的自检问题

(1) 接好电机。本方案讲的电机可以使用普通的小功率电机，比如 2208 之类的，最好不要直接把要使用的电机接上，以免因为电调工作不正常而烧毁电机，但这种情况不常见，不过还是谨慎点好。

(2) 电调上电，检查电调是否自检。

1)如果自检，说明至少单片机没有损坏，单片机供电正常，升压芯片正常，半桥至少有 2PS 是可以工作的，但是不一定正常，一般单片机是不会损坏的(进水后也发现过有丢失程序的)。

2)现在启动电机。缓慢推动油门摇杆，电机应该顺利而平滑地启动运转直到最高速，如果这时候发现启动不顺，有一卡一卡或者停顿的现象，或者又烧 MOS 管，请立即停止，在确保之前换的 MOS 管是完好的情况下，出现这样的问题，那就说明 MOS 管的推动部分有问题，也就是半桥芯片或者推动三极管有问题，那就检查半桥芯片。

3)如果电调不自检，则有可能是以下几种原因：

A.单片机供电不正常；

B.单片机损坏；

C.升压芯片或者半桥驱动损坏；

D.BEC 损坏。

自检声音是由电机发出的，电机是由 MOS 管驱动，MOS 管需要依靠半桥或者前级三极管推动，而半桥或者推动三极管信号来自于单片机，所以以上任何一个环节有问题，都不会自检。如果 BEC 损坏，由于接收是由 BEC 供电，电调会认为没有收到接收机信号，同样不会自检或者自检后中断工作。

1)检测单片机的工作电压，现在电调单片机的供电方式一般是用线性稳压器，最常见的是 TO－252 封装的 7805 或者 89 封装的 HT 芯片或者是 SO8 的 7805，视芯片型号不同，这个电压一般是 3.3 V、3.6 V 或者 5 V，如果单片机是 MEGA8，那么 MEGA8 的 4 脚和 6 脚是并联接电源正，如果供电芯片是 7805，那么 4、6 脚对地电压应该是 5 V，如果供电芯片是 HT－7136，那就应该是 3.6 V。

2)在确定单片机供电正常的情况下不自检，应该检查升压芯片，对于半桥推动方式，因为栅极需要 10 V 以上电压，所以一般有专门的升压电路，如 ST662 、MAX662 等，是将 BEC 的 5 V升到 10～12 V。如果这个芯片损坏，所有半桥将不工作，即使 MOS 管是好的，电机也是不工作的；还有就是即使 BEC 芯片是好的，如果这个芯片内部短路，有时候将导致 BEC 输出不正常或无输出，这个芯片如果损坏，检修的时候也要注意检查一下 12 V 输出滤波电容，曾经也遇到过这个钽电容失效的。

3)上电，测升压芯片的输出电压，升压芯片一般用的是 662，高档的电调尤其是高压版的有的是用 DC－DC 芯片。662 的第 5 脚是 5 V 输入，第 6 脚应该有 10～12 V 的电压输出，如果有这个电压，不自检，那么半桥就有损坏，检查并替换之，如果没有这个电压，那么升压芯片损坏，但半桥也可能有损坏，因为这个芯片是给半桥供电的(进水后的电调可能有例外)。

说明：MOS 管的推动方式有两种。半桥或者普通三极管，更换损坏的就可以了，现在电调上所使用的半桥一般都是 IR 的，如 IR2103S、IR2101、IR2304 等，电流大点的如 ISL6700 等。这些都是单路半桥，所以有 3 片，驱动 3 路 MOS 管，每路 MOS 管又分上臂和下臂。半桥在业余条件下最简单快速的维修方法，就是用相同型号的半桥芯片逐一替换，直到正常。

3.BEC 的检修

电调的 BEC 有两种工作方式——开关方式和线性降压方式，那么如何区分呢，最直观的就是开关方式的一定会有个电感，而一般几个 7805 之类的或者 LM317 之类的并联的，就是线性降压方式，如图 7-4 所示。

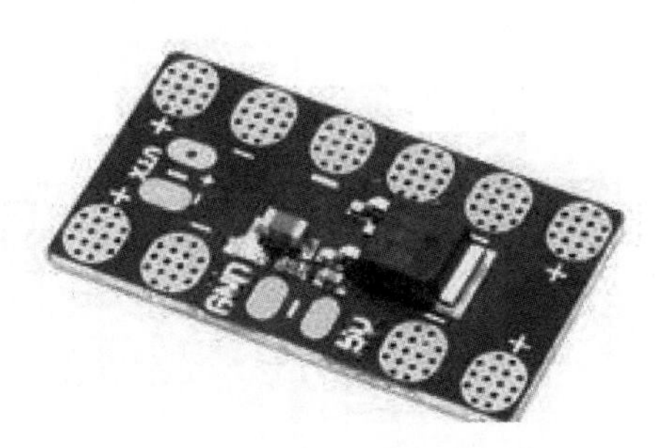

图 7-4　BEC 控制板实物图

BEC 如果不正常，开关方式的一般是 DC-DC 芯片损坏，续流二极管损坏，电感过流烧坏（不常见）。一般 DC-DC 芯片如果损坏，因为是过流，那么续流二极管一般也会损坏，现在的内置 BEC 一般都是 3 A 的，所以更换的时候，只要购买 3 A 的肖特基二极管更换就可以了，比如 SSA34、SX34，都是 3 A 40 V 的，更换肖特基二极管后如还是不正常或又将肖特基二极管烧掉，请更换 DC-DC 芯片。

有很多厂家是把 DC-DC 芯片的型号擦除，好盈的 GUARD 用的 DC-DC 芯片型号是 AX3102。新版 PENTIUN 用的是 MP1593DN，中特威的是 LM3485 mmX 外接 PMOS 扩流。

线性降压方式的如果损坏，单独检查并联的几个 7805，有损坏的更换同一厂家的或者全部更换，修复后顺便检查 BEC 的滤波电容，更换的 TO-252 封装的 7805 一定要选用 1 A 的，KIA 的标的是 78D05F，其他厂家的标的是 7805，如果标的是 78L05，则是 100 mA 的，如果是 78M05，则是 500 mA 的，电流不足。

4.电调进水

如果在飞行当中因为操作不当掉入水中等原因导致电调进水，应立即切断电源将电调卸下来，用纸巾将大量水渍擦干，随后用吹风机进一步干燥，放置在干燥通风处自然风干，然后拆开电调，最后用万用表对电调的各个电子元件测试看是否损坏以及对电流接口进行测试看是否通断。若没发现问题，则可以通电进行短时间的测试飞行，如图 7-5 和图 7—6 所示。

图 7-5　卸下来的 MOS 管

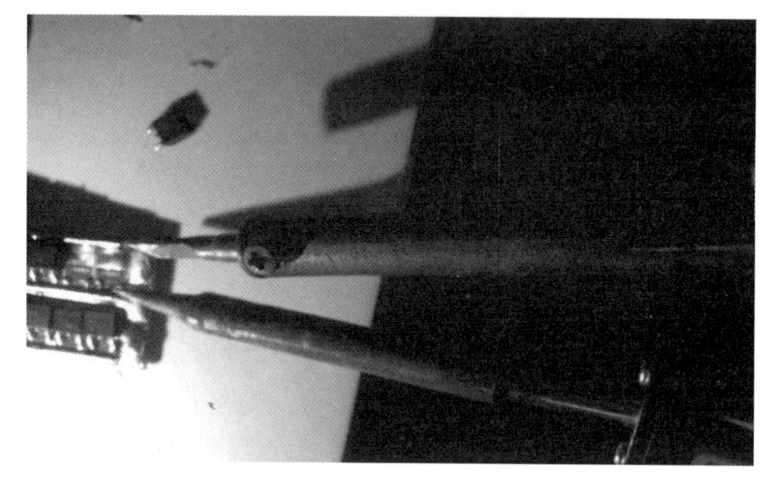

图 7-6　拆卸 MOS 管

将电调拆开之后,用万用表逐一检测 MOS 管是否短路。若 MOS 管烧坏,更换新的 MOS 管即可。

5.电调损坏

在电调的使用过程当中,避免不了一些人为的损坏。比如电调的外部破损,焊接头部位没有焊接严实,也就是虚焊,如图 7-7 所示。

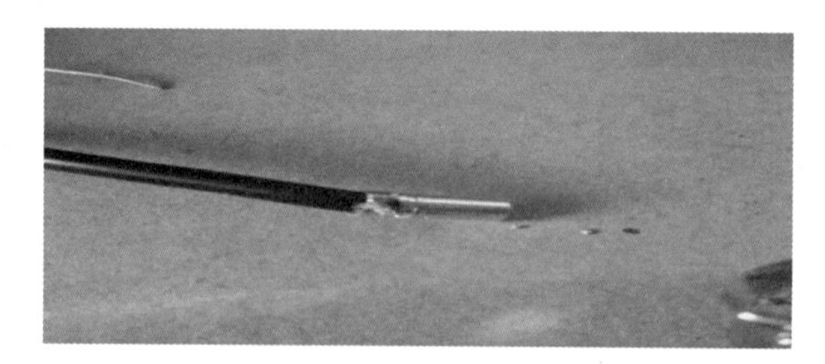

图 7-7　香蕉头的虚焊图

电调外部破损容易导致电调主板受到伤害,特别是在飞行的过程中不正当的操作以及紧急情况。因此,电调外部破损应及时修复。

香蕉头的虚焊容易导致电调与其他连接设备接触不良。修复方法:取下香蕉头用工具重新焊严实,再套上热缩管避免受到外部干扰,如图7-8所示。

图7-8　电调香蕉头焊接图

7.4　无人机电机、电调、电池的日常维护

7.4.1 无人机电机的日常维护

电机产生故障的原因,总的看来,可以分为两类:一类是电机因使用多年而形成的自然故障;另一类则是由于使用过程中所产生的偶发性故障。对于后一类故障,除与电机本身的质量、工作环境(温度、湿度)、负载情况有关外,更重要的是与我们对电机的维护保养质量有关。因此,加强日常的维护工作,加强检查力度,严格遵守操作规程是减少电机故障的重要环节之一,所以要坚持日、周、月、年维护保养。

无刷直流电机的维护与检查包括轴承的维护,绕组的检查,绝缘电阻的检查和干燥处理等。

1.轴承的维护

轴承的维护是电机维护工作的重要环节之一。如果轴承的保养不良,磨损严重,就会造成过热而烧坏。另一方面,因为电机定子与转子间的间隙很小,轴承的磨损过大,可能造成定子与转子相碰擦。因此,必须经常注意对轴承的维护。

(1) 轴承的保养。滚动轴承的保养主要是定期换油和清洗轴承。滚动轴承一般在电机运行300～500 h,需要加油一次;1 000～1 500 h,应大清洗和更换润滑油一次。轴承的使用寿命一般为5 000 h,如果定期换油维护保养得好,其使用寿命会延长至10 000 h,甚至更长。换油时,要用汽油或者煤油将轴承刷洗干净,不要在轴承中留有残油、铁屑、砂粒等。轴承内的润滑油一般只加入全容积的2/3即可,加得过多,轴承的温度容易过高;加得太少,则润滑无保障。

(2) 轴承的检查。

1)观察轴承的滚珠(或滚柱)、内外圈等部分是否有破损、锈蚀或裂纹等。

2)拨转轴承,如果声音均匀,转动灵活轻快,说明性能良好;若有不正常的杂音,转动不灵活,则说明有毛病。

3)用手摇动轴承外圈或者扳动轴承内圈,正常轴承是感觉不出松动的,若感觉有松动的现象,则说明磨损了,滚珠与内圈的间隙可能过大了。

2.绕组的检查

磁场绕组的检查,观察绕组表面有无烧焦、线头脱焊或断裂。如无,再用电阻表对电机的绕组进行断路、短路和搭铁等现象的检查。

(1) 断路。直流电机的断路故障现象为控制电压正常而电机不能启动。静态检查:正常情况下,三相的控制绕组之间的电阻应该是一致的。若某一相导线出现断路情况,控制绕组之间的电阻值会出现差异。断路故障通常出现在线圈芯线断和线圈外线脱焊两种情况,可采用更换线圈和焊接外线的方法进行处理,如图 7-9 所示。

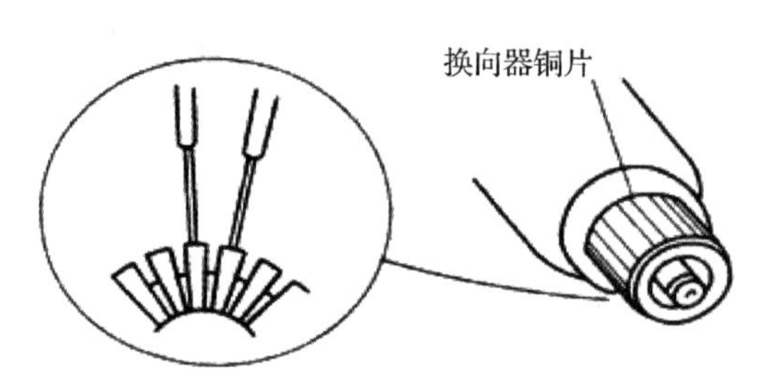

图 7-9 直流电机绕组断路检查方式

(2) 短路。直流电机定子绕组常见的故障是绕组的短路,通常用电压降法来检查。将电机所有磁极绕组串联起来,外加相应的直流电源,利用直流电压表测量每只绕组两端的电压,如所测电压不等,电压最小的绕组为短路故障绕组。假如用适宜的交流电压,故障点会严重发热。换向极或补偿绕组的短路,可用电桥测量各极绕组的电阻值,正常情况下各极绕组间的电阻差别不超过 5%。发现短路故障后,一般按原匝数要求更新,如图 7-10 所示。

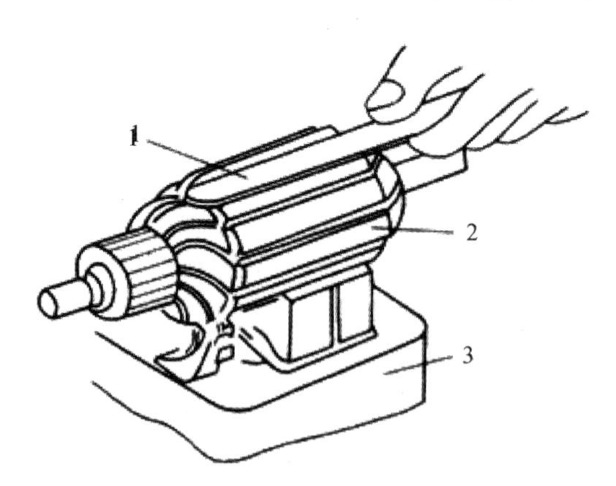

图 7-10 绕组短路检查

1—钢片; 2—被检电枢; 3—电枢检验仪

(3) 搭铁。绕组搭铁，将会产生漏电现象，严重时会造成人员伤亡。因此，应及时找出搭铁的部位，消除隐患。是否搭铁的检查方法是测量绕组的某一端与搭铁之间的电阻，应为不同。如果两者相同则表明绕组与外壳搭铁，如图 7－11 所示。

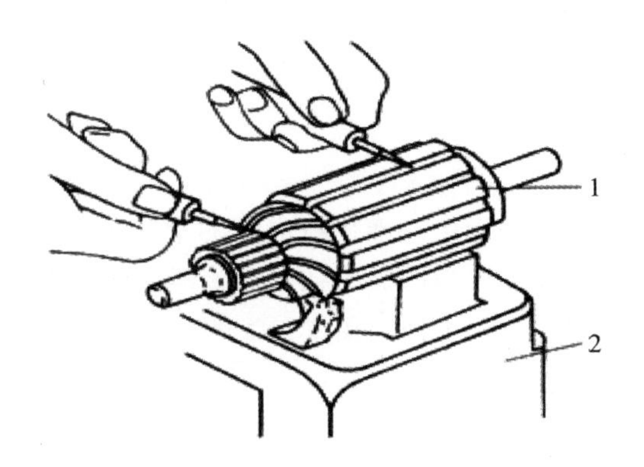

图 7－11　绕组搭铁现象检查

3.绝缘电阻的检查和干燥处理

(1) 绝缘电阻的检查。发电机的绕组与铁芯之间、绕组与绕组之间的绝缘电阻的大小，标志着电机绝缘性能的好坏。陆用电机绕组的绝缘电阻不应低于 0.4 MΩ(船用电机绕组的绝缘电阻在冷态时，不应低于 5 MΩ)。经验公式为

电机绕组的绝缘电阻(MΩ)≥ 额定电压(V)/ (1 000＋额定功率/100)

式中，额定功率：对直流电机及交流电机，单位为 kW；交流发电机，单位为 kV·A。

绕组的绝缘电阻，通常用电阻表检查。检查时，将绕组的线端从接线柱上拆下，使电阻表的一根表笔与绕组的一端相接触，另一根表笔搭铁，然后由慢而快均匀地摇转电阻表的手柄，且保持 120 r/min 左右，当指针稳定不动时，它所指的数值便是被测绕组的绝缘电阻值。没有电阻表时可用三用表的高阻挡检查，不过准确性较差。绕组受潮，绝缘物变质、干燥或太脏，都会使得绝缘性能降低。如果电阻值过低，绝缘物就容易被电击穿而漏电，甚至造成短路。因此，当绝缘阻值过低时，必须采取适当的措施恢复绕组的绝缘性能。

(2)电机绕组因受潮而使绝缘阻值过低时，就必须进行干燥处理。干燥处理的方法通常有下列两种。

1)外面加热法。最常用的方法是将受潮的发电机放在阳光下晒，或者利用内燃机工作时水箱前面的热风吹。有条件时，可用热风机吹，用电热器烘烤。干燥处理时，应注意电机的温度，靠近热源的部分，其温度不能超过 90℃。

2)电流加热法。电流加热法是利用电流流过绕组时所产生的热量，使得发电机干燥。其方法是，先使机座接地，再将本机某一输出开关后面的三根火线短路，让调压转换开关指向“手动”，变阻器处于有效阻值最大的位置，然后发动电机，并调至额定转速，随后调节变阻器，使电流表指示的短路电流保持在额定值的 50％～80％。干燥过程中，每隔 1 h，停机测量一次绝缘电阻，直至阻值稳定并达到要求为止。

过分受潮的电机，不能使用电流加热法进行干燥处理，以免产生由于电解作用引起的损害。

7.4.2 动力电池的日常保养维护

(1)检查电池外观是否有破损、涨肚、扭曲变形。若受损严重,请停止继续使用,将电量控制在10%以内废弃处理,请勿分解。

(2)消费类智能电池还需要检查电池通信连接的金手指(信号插头),若有污损,可以用橡皮擦将表面清理干净,以保证可靠的通信。检查电池仓内通信触点状况,确保清洁、伸缩顺畅、无弯折。

(3)消费类多旋翼无人机须检查电源连接器内部的金属机片破损情况,若烧蚀严重,请设法清理,例如可以用厚度在1 mm以内的砂纸插入连接器内部轻轻打磨金属表面。

(4)消费类多旋翼无人机须检查电池仓周围的塑料结构件的牢固情况,例如裂缝、螺丝稳固程度等,防止飞行过程中电池松动。

(5)检查机体到支臂之间的主供电线的磨损情况。若发生轻微磨损,请视情况调整,若磨损严重,请维修更换。

(6)若长期未使用电池,建议按照说明文件妥善存放电池,每个月检查一次电池状况,防止电池损坏。

(7)分别检查每个电芯的电压在充满电时是否一致,部分电芯电压偏低或偏高超过0.2 V,请维修更换。

习　题　7

1.无人机出现电调故障的原因主要有哪些?

2.无人机电调故障的解决措施有哪些?

3.无人机电调的维护主要包括哪些内容?

4.无人机电机的维护主要包括哪些内容?

5.简述动力电池的日常维护内容。

参考文献

[1] 符长青,符晓勤,马宇平.旋翼飞行器动力装置[M].北京:清华大学出版社,2017.

[2] 李家庆,李芳,叶文.无刷直流电机控制应用:基于 STM8S 系列单片机[M].2 版.北京:北京航空航天大学出版社,2015.

[3] 郭庆鼎,赵希梅.直流无刷电动机原理与技术应用[M].北京:中国电力出版社,2009.

[4] 曹少泳,程小华.无刷直流电机无位置传感器的转子位置检测方法综述[J].防爆电机,2007,42(1):35 - 39.

[5] 胡晟,戴忆君,金如麟.无位置传感器的无刷直流电动机新控制方法的研究[J].微特电机,1999(5):8 - 10.

[6] 王永."反电势法"无刷直流电机控制系统研究[D].南京:东南大学,2004.

[7] 谭建成.永磁无刷直流电机技术[M].北京:机械工业出版社,2005.

[8] hn_ny_dxs 夏风.驱动你的无刷电机[EB/OL].(2008 - 12 - 16)[2019 - 08 - 01].http://d1.amobbs.com/bbs_upload782111/files_11/ourde V_547422.pdf.

[9] timegate 墨鸢.无感无刷直流电机之电调设计全攻略[EB/OL].(2016 - 04 - 16)[2019 - 08 - 01].https://wenku.baidu.com/ View/34ab518c5a8102d277a22f89.html.